普通高等教育"十二五"规划教材

电力电子技术与运动控制系统综合实验教程

主编　周京华　张贵辰　章小卫

U0238469

中国水利水电出版社
www.waterpub.com.cn

内 容 提 要

本书是电气工程专业《电力电子技术》《运动控制系统》等相关课程的实验教材，内容主要分为电力电子技术实验、直流调速系统实验、交流调速系统实验、全数字化调速实验系统以及运动控制系统课程设计。各实验指导教师可根据实际课程教学大纲，对实验内容进行选择及调整，培养学生利用理论知识分析实际问题的能力。

本书可以作为全日制高等院校电气类专业（电气工程及其自动化、新能源科学与工程、自动化等）《电力电子技术》《电力拖动自动控制系统》《运动控制系统》《交直流调速系统》等课程的实验指导书，也可供研究生、工程技术人员参考。

图书在版编目（CIP）数据

电力电子技术与运动控制系统综合实验教程 / 周京华，张贵辰，章小卫主编. -- 北京：中国水利水电出版社，2014.10
普通高等教育"十二五"规划教材
ISBN 978-7-5170-2614-3

Ⅰ. ①电… Ⅱ. ①周… ②张… ③章… Ⅲ. ①电力电子技术－高等学校－教材②自动控制系统－高等学校－教材 Ⅳ. ①TM1②TP273

中国版本图书馆CIP数据核字(2014)第236716号

书　名	普通高等教育"十二五"规划教材 **电力电子技术与运动控制系统综合实验教程**
作　者	主编　周京华　张贵辰　章小卫
出版发行	中国水利水电出版社 （北京市海淀区玉渊潭南路1号D座　100038） 网址：www.waterpub.com.cn E-mail：sales@waterpub.com.cn 电话：(010) 68367658（发行部）
经　售	北京科水图书销售中心（零售） 电话：(010) 88383994、63202643、68545874 全国各地新华书店和相关出版物销售网点
排　版	北京时代澄宇科技有限公司
印　刷	北京市北中印刷厂
规　格	184mm×260mm　16开本　8.5印张　202千字
版　次	2014年10月第1版　2014年10月第1次印刷
印　数	0001—3000册
定　价	**18.00元**

前　言

　　本书是根据电气工程专业《电力电子技术》、《运动控制系统》课程的实验教学大纲要求，配合课程教材《电力电子技术》、《直流调速系统》、《交流调速系统》、《电力拖动控制系统》编写的实验教材，供电气类相关专业的学生使用。

　　本书内容具有以下特点：①课程内容紧密配合教学体系改革和实验教学改革的要求；②内容详细完整，能与大多数高等学校的机电实验设备配套；③引进基于 Matlab 的计算机仿真技术，丰富学生实验手段，使学生深入理解所学习的理论知识。

　　本书由周京华、张贵辰、章小卫编写。

　　本书的编写及出版得到 2013 年北方工业大学校级教改重点项目、2013 年北方工业大学自动化专业综合改革项目、2014 年北方工业大学实验室建设项目的资助。

　　由于编者水平有限，编写时间又很仓促，书中难免存在疏漏及错误，敬请广大读者批评指正。

编　者

2014 年 6 月于北京

目 录

第1章 绪　　论

1.1 《电力电子技术》课程特点与基本要求

《电力电子技术》为电气工程及其自动化本科专业、新能源科学与工程本科专业的专业基础必修课。本课程为学生从事电气工程领域的研究奠定初步的理论基础。目的是让本专业的学生掌握常用电力电子器件的原理和使用方法、四种电力电子变换电路的原理、波形分析及控制方法，了解电力电子技术在工业领域中的具体应用，培养学生分析问题和解决问题的能力，为后续专业课打下坚实的基础。

1. 基本内容

电力电子器件方面：掌握不可控器件、半控型器件和典型全控型器件和工作原理、基本特性（包括静态特性和动态特性）、主要类型、主要参数计算和选型等；理解半控型器件和典型全控型器件的驱动与保护电路。电力电子变换电路方面：掌握单相、三相整流电路和逆变电路的电路结构、基本工作原理、波形分析、参数计算；掌握交流调压、交-交变频电路的基本工作原理、波形分析、参数计算；掌握直流-直流变换电路的基本工作原理、波形分析、参数计算；掌握 PWM 控制技术的基本原理、控制方法、波形分析；了解软开关技术的基本原理及实现方法。

电力电子技术应用方面：了解电力电子电路及控制技术在交直流调速系统、不间断电源、开关电源、功率因数校正及电力系统中的具体应用。

2. 课程教学的基本要求

学完本课程后，学生应掌握电力电子器件的原理特性及参数，电力电子变流电路的基本拓扑及其控制方法，以及日常生活和工业生产中应用的电力电子技术；应掌握电力电子变换电路的实验、调试方法。

学生应能够利用所学的电力电子器件特性、变流电路和控制技术，对电力电子变流电路换流过程、工作原理以及输入输出波形进行分析，可以对电力电子变换系统进行主回路参数计算和器件选型。

1.2 《运动控制系统》课程特点与基本要求

《运动控制系统》是电气工程及其自动化本科专业、新能源科学与工程本科专业的专业基础必修课。在学生学习了电机与电力拖动、电力电子技术、自动控制原理等课程的基础上，本课程主要讲述了应用电力电子器件组成的一些常用的交直流电机控制系统。并以控制理论为指导，提出改善电机控制系统调速精度和动态特性的控制策略及具体措施。通过学习，学生能应用理论分析和设计典型的运动控制系统。

1. 基本内容

掌握以直流电动机为控制对象组成的运动控制系统，包括转速单闭环调速系统，转速、电流双闭环控制调速系统，可逆调速系统基本组成和控制规律、静态、动态性能分析及工程设计方法，直流调速系统的数字控制。掌握以交流电动机为控制对象组成的运动控制系统，包括调压调速系统和变频调速系统的基本组成、工作原理和性能特点。

2. 课程教学的基本要求

学完本课程后，重点要求学生掌握调速系统的工作原理及系统的静动态性能分析，使学生能够掌握控制系统分析测试的理论、方法，以达到理论和实践有机结合的目的。

1.3　实验特点和要求

电力电子技术与运动控制系统这些课程实践性很强，对实验环节要求较高。

通过课程实验，加深学生对理论知识的学习，强化理论知识的实际应用能力，建立系统设计与调试的基本概念、基本方法。通过完成课程实验，学生应具备以下能力。

（1）理解掌握典型电力电子器件的性能特点及使用方法，培养学生理论联系实际的能力。

（2）理解掌握常用典型电力电子电路的组成及工作原理，巩固课堂理论知识。

（3）培养学生的实际操作、分析问题和解决问题的能力，使学生掌握常用仪器仪表的使用方法。

（4）使学生了解交流电机、直流电机的工作原理、特点及具体应用。

（5）使学生了解交流电机、直流电机的工作特性、机械特性的测取方法，培养学生的动手能力及分析问题、解决问题的能力。

（6）使学生理解熟悉各种交直流调速系统和位置随动系统的基本组成、工作原理及系统的静、动态分析。

（7）使学生掌握典型运动控制系统的工程设计方法并掌握一定的系统调试方法。

（8）培养学生综合运用控制理论和专业知识分析、研究并设计运动控制系统的能力。

1.4　实 验 预 习

对于某些涉及强电专业课的实验，由于实验设备操作较复杂，学生有畏难情绪，因此，实验预习环节变显得非常重要。认真的实验预习过程可以提高学生的积极性、主动性，提高实验质量与效率，是保证实验顺利进行、完成实验要求的重要环节。实验预习的主要要求如下。

（1）认真复习与实验内容相对应部分的理论知识，深刻理解理论计算公式、理论波形，明确课程实验是对理论知识的验证。

（2）阅读实验指导书中本次实验内容，了解实验要求及实验目的，掌握本次实验所用的实验设备及测试仪器。

（3）认真完成实验预习报告，报告内容包括实验系统的实验接线图、实验步骤、数据记录表格等。

（4）与同组成员进行实验预习内容的讨论。

1.5　实验过程及注意事项

在完成实验预习环节后，实验过程中实验教师与学生应注意以下几点：

（1）实验正式开始前，实验教师要详细检查学生的实验预习报告，要对具体的实验内容与要求在本次实验进行前点名提问。

（2）在开始新的实验时，实验教师应对上一次实验出现的问题做总结，指出实验报告以及实验过程中所出现的问题并进行纠正。

（3）实验教师对本次实验所用到的实验装置进行介绍，要求学生熟悉本次实验使用的实验设备、测试仪器，掌握这些仪器设备的测试原理、使用方法。

（4）按实验预习报告上的实验系统接线图进行接线。完成实验系统接线后，先自查，然后实验教师复查。检查无误后，方可上电。

（5）实验系统上电顺序为先控制电路，再主电路；下电顺序为先主电路，再控制电路。

（6）在实验进行中，要仔细观察实验现象，并对实验数据、实验波形进行详细分析，并与理论结果进行对比分析，找出记录数据产生误差、理论波形与实验波形不完全一致的原因，给出分析结果。

（7）完成本次实验的全部内容后，经实验教师检查实验数据、实验波形符合实验指导书要求后，本组学生拆除接线，整理好连接线、测试仪器、工具，并物归原位。

（8）实验教师为实验报告给出详细评分标准。评分标准一定要有依据，要有具体的量化指标。

（9）如有条件，实验教师要对已完成实验的学生进行抽查，以巩固实验效果，强化学生对理论知识的学习效果。

1.6　实验报告的要求

1.6.1　实验报告封面
（1）实验题目。

（2）所属课程名称。

（3）班级、姓名及学号。

（4）分组号及小组成员。

（5）实验日期及地点。

1.6.2　实验报告内容
（1）实验目的。明确实验目的，理解实验操作与理论知识之间的关系。通过实验，验证在理论教学中掌握的原理、公式、算法，并在实验中进行验证、分析，强化对理论学习中知识要点的理解、掌握、应用。在实践上，掌握使用实验设备的技能和程序的调试方法、测试设备的使用方法。

（2）实验线路及原理。要抓住重点，可以从理论和实践两个方面考虑。这部分要写明依据何种原理、定律算法或操作方法进行实验，给出详细的理论计算过程。

（3）实验设备及材料。

（4）实验方法及步骤。只写主要操作步骤，不要照抄实验指导书，要简明扼要。还应该画出实验流程图（实验装置的结构示意图），再配以相应的文字说明，这样既可以节省许多文字说明，又能使实验报告简明扼要，清楚明了。

（5）实验结果及分析。根据相关的理论知识对所得到的实验结果进行解释和分析。如果所得到的实验结果和预期的结果一致，那么它可以验证什么理论？实验结果有什么意义？说明了什么问题？如果有误差，误差产生的原因是什么？这些是实验报告应该讨论的。但是，不能用已知的理论或生活经验硬套在实验结果上；更不能由于所得到的实验结果与预期的结果或理论不符而随意取舍甚至修改实验结果，这时应该分析其异常的可能原因。如果本次实验失败了，应找出失败的原因及以后实验应注意的事项，不要简单地复述课本上的理论而缺乏自己主动思考的内容。

（6）结论。结论不是具体实验结果的再次罗列，也不是对今后研究的展望，而是针对这一实验所能验证的概念、原则或理论的简明总结，是从实验结果中归纳出的一般性、概括性的判断，要简练、准确、严谨、客观。另外也可以写一些本次实验的心得以及提出一些问题或建议等。

1.6.3　波形截图、坐标图的规范

（1）坐标图。每个图要有图名，每个坐标轴都要标注所代表的物理量及其单位。

1）x 轴：一般为时间 t [s]。

2）y 轴：电压 [V] 或电流 [A] 等。

（2）波形截图。对每个波形截面加以说明。

1）说明给出的图为在何种实验条件下的波形截图。

2）说明给出此图的原因。

3）结合理论知识对给出的图加以分析，并与教材上的图形比较说明。

4）在给出的图中找出核心部分（或加以说明的部分）作标记并加以说明。

第 2 章　Matlab 在电力电子技术及运动控制系统中的应用

　　Matlab（Matrix Laboratory）是一种以矩阵为基础的交互式程序计算语言。Matlab 由功能各异的工具箱组成，其基本数据结构是矩阵。与 Basic、Fortran 以及 C 语言比较，Matlab 的语法规则更加简单，编程特点更贴近人的思维方式，用 Matlab 写程序有如在便签上列公式和求解。

　　Simulink 是 Matlab 为模拟动态系统而提供的一个交互程序。Simulink 允许用户在屏幕上绘制框图来模拟一个系统，并能够进行动态控制。Simulink 采用鼠标驱动方式，能够处理线性、非线性、连续、离散等多种系统。作为 Matlab 的一个重要组成部分，Simulink 具有相对独立的功能和使用方法。确切地说，它是对动态系统进行建模、仿真和分析的一个软件包。它支持线性和非线性系统、连续时间系统、离散时间系统、连续和离散混合系统，而且系统可以是多进程的。

　　从 Simulink4.1 版加入了电力系统模块库（Power System Blockset），该模块库主要是由加拿大 HydroQuebec 公司和 TECSIM International 公司共同开发的。在 Simulink 环境下用电力系统模型库的模块可以方便地进行 RLC 电路、电力电子电路、电机控制系统和电力系统的仿真。

　　由于 Simulink 必须依托 Matlab 运行，所以软件生产商也就把它与 Matlab 捆绑到一起来销售。也就是说，用户得到的 Matlab 实质上是两个软件，一个是 Matlab，另一个就是 Simulink，在使用时，用户必须先启动 Matlab，然后在 Matlab 中再启动 Simulink。

　　在 Matlab 中可以使用下列三种方法之一进入 Simulink：

　　（1）使用 Matlab 菜单栏命令 File→New→Model。

　　（2）使用 Matlab 命令工具条中的按钮 ，如图 2-1 所示。

　　（3）在 Matlab 命令窗口键入命令 Simulink，并在打开的模型库浏览窗口中单击新建按钮 。

　　仿真模型库 Simulink 一出现便受到了广大工程技术人员的注意和欢迎，很快各个不同领域的技术人员就在自己的技术领域中为 Simulink 进行了扩展，从而在 Simulink 中产生了大量的以 Simulink 通用库为基础的专业模型库。这些专业库都与 Simulink 库并列存在，如图 2-1 所示。

　　SimPowerSystems 就是电力电子领域的专业模型库。它提供了电力电子工作者所需要的各种电力电子模型，用户可以使用它们建立自己的系统模型，并进行仿真实验。对于进行电力电子系统仿真的人来说，所需要使用的库主要为基本库 Simulink 和专业库 SimPowerSystems。

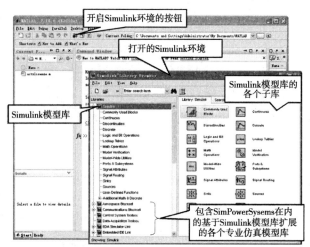

图 2-1　SimPowerSystems、Simulink 与 Matlab 之间的关系

SimPowerSystems 包含表 2-1 所列出的子库。

表 2-1　　　　　　　　　　　　　SimPowerSystems 的子库

子库名称	库内容
Electrical Sources（电源库）	交流电压源、交流电流源、直流电压源、受控电压源、受控电流源、电池、三相电源、三相可编程电压源
Elements（通用元件库）	开关、传输线、电阻、电感、电容、变压器等
Machines（电机库）	同步、异步、永磁、步进等电机的 SI 单位制模型和标幺值模型
Measurements（测量仪器库）	电压、电流、阻抗测量，三相电流电压测量，万用表等
Power Electronics（电力电子器件库）	二极管、晶闸管、理想开关、通用桥、IGBT 等电力电子器件
Application（应用库）	整合的应用小系统，有风力发电机、特种电机等
Extra（附加库）	保有一些后扩展的模型，很多是可以用其他器件搭建起来的的等价模型。例如 PLL、单稳态、PWM 发生器、FFT、有功无功测量、有效值、平均值、相量测量等

2.1　Simulink 仿真模块的操作及使用

在 Simulink 中，一个仿真模型单元叫做一个模块，它是构成模型的基本元素，用户用它们来构造较大规模的系统模型。下面以使用 Simulink 库中模块进行仿真为例介绍仿真模块的常规操作方法。

在构建仿真模型之前，用户需要按图 2-2 所示新建并打开一个仿真工作空间。

图 2-2 新建仿真工作空间

在 Simulink 中，SimPowerSystems 库的位置如图 2-3 所示。

图 2-3 SimPowerSystems 库

该库包含了电力电子器件库（Power Electronics）、电源库（Eletrical Sources）、电气元器件库（Elements）、电机库（Machines）等多个子库。

SimPowerSystems 库的模块与 Simulink 库的模块有些区别，Simulink 库的模块都是一些运算模块，有输入信号，也有输出信号，但 SimPowerSystems 库的模块大部分都为电力或电子器件，通常只有电的接线端子，在模块图上表示为小正方形。为了仿真运算的方便，有些模块也可以输出一些测量信号，这些信号端子则如同 Simulink 模块，是一个向外的">"符号。

另外，SimPowerSystems 库是一个后扩展的专业库，Simulink 只是为这个专业库中的模型提供了运算平台，并不具备对这个专业库中模块所形成的数学模型进行管理的能力，因此在 SimPowerSystems 库中还有一个叫做"Powergui"管理模块。因此，凡是使用 SimPowerSystems 库模块搭建的仿真模型都需要一个"Powergui"。由于这个模块不与其他模块连接，所以用户在使用 SimPowerSystems 模型库中的模块搭建仿真模型时，最好先把它加入仿真工作空间。

2.1.1 电源库（Electrical Sources）

电路中最重要的部件便是电源，为此，SimPowerSystems 库使用了一个单独的电源库

7

(Electrical Sources) 来提供电源仿真模型，库中包含了电力系统常用的直流电源和交流电源。电源库在 SimPowerSystems 库的位置如图 2-4 所示。

图 2-4　电源库（Electrical Sources）

直流电压源的功能就是为电路提供一个理想的直流电压，在库中的位置及其图标如图 2-5 所示。

图 2-5　直流电压源（DC Voltage Sources）

直流电压源的参数设置窗口如图 2-6 所示。

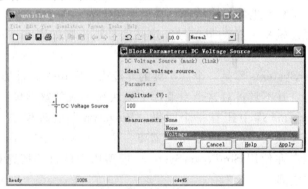

图 2-6　直流电压源图标及参数设置对话框

从直流电压源的参数设置对话框中可见，它只有一个需要设置的参数，即电压源的电压值。除此之外就是需要用户在下拉列表 Measurements 的菜单中选择"None"或"Voltage"，选中前者意味着本电源不需要测量，选中后者则意味着该电源可以在仿真时使用 Multimeter 等外部具有测量功能的模块来测量其电压值。

交流电压源也是一种理想电源，它在库中的位置如图 2-7 所示。

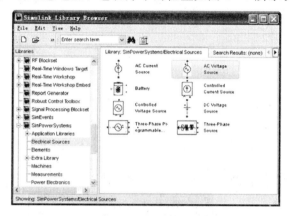

图 2-7 交流电压源（AC Voltage Source)

交流电压源的图标与参数设置窗口如图 2-8 所示。

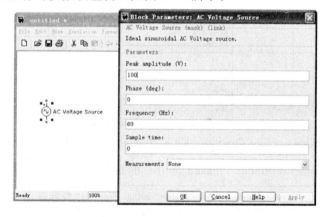

图 2-8 交流电压源的图标与参数设置对话框

交流电压源的可设置参数见表 2-2。

表 2-2 交流电压源（AC Voltage Source）的可设置参数

参数	说明
Peak amplitude（V）	交流正弦电压的幅值
Phase（deg）	初始相位
Frequency（Hz）	频率
Sample time（s）	采用离散方式仿真时的采样周期。如果该值为 0，则为连续仿真方式

　　SimPowerSystems 在电源库中还提供了一个三相可编程电压源（Three - Phase Programmable Voltage Source），它可以通参数设置其基波分量以及谐波分量的幅值、频率和相位，从而得到含有谐波分量的交流电压源。Three - Phase Programmable Voltage Source 在库中的位置如图 2 - 9 所示。

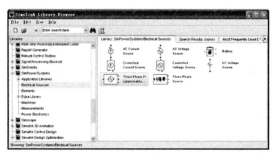

图 2 - 9　Three - Phase Programmable Voltage Source 在库中的位置

　　Three - Phase Programmable Voltage Source 的图标及参数设置对话框如图 2 - 10 所示。

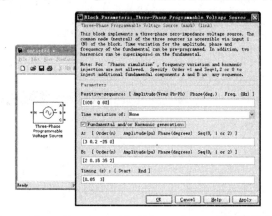

图 2 - 10　Three - Phase Programmable Voltage Source 的图标及参数设置对话框

　　Three - Phase Programmable Voltage Source 的参数见表 2 - 3。

表 2 - 3　　　　　　　　　Three - Phase Programmable Voltage Source 的参数表

参数	说明
Positive - sequence	为基波设置有效值（Amplitude）、相位（Phase）、频率（Frequency）
Time variation of 选项	可选择需要设定为时变的量。可选项为：None，Amplitude（幅值），Phase（相位），Frequency（频率）。如果选择了后三项之一，在对话框上会打开相应的设置选项。 其中，Type of variation 为时变类型。选择 step 为阶跃、ramp 为斜坡、Modulation 为调制度、Table of Amplitude 为幅值表。4 种类型各具有自己的参数设置表
Fundamental and/or Harmonic generation 选项	基波或谐波发生。选中以后可以在基波电压中注入两个频率的谐波。 A：[Order Amplitude Phase Seq] 和 B：[Order Amplitude Phase Seq]。 其中：Order —谐波阶次；Amplitude —谐波幅值（相对于基波的标幺值）；Phase —谐波相位；Seq —谐波相序（1 为正序；2 为负序；设为 0 或 2 可得到不平衡三相电压）

2.1.2 测量仪器库

测量仪器是电路实验需要的重要设备，SimPowerSystems 中提供了测量仪器库 Measurements，该库在系统中的位置如图 2-11 所示。

图 2-11 测量仪器库 Measurements 的位置

电流表（Current Measurement）与电压表（Voltage Measurement）是常用电工测量仪表，这两种仪表在库中的位置如图 2-12 所示。

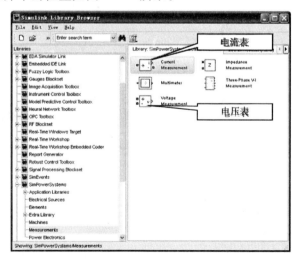

图 2-12 库中的电流表（Current Measurement）与电压表（Voltage Measurement）

从使用方法上来看，这两种测量仪表与实际电流表和电压表没有什么区别，电流表需串联在被测电路支路，电压表需要并联在被测元器件或支路两端，但需要注意，Simlink 提供的电流表与电压表实质上只相当是一个表头，均没有显示装置，所以使用时需要由使用者在 Simlink 的 Sink 库中选择合适的显示器，例如 Scope。

万用表 Multimeter 在库中位置及其在仿真环境中的图标如图 2-13 所示。

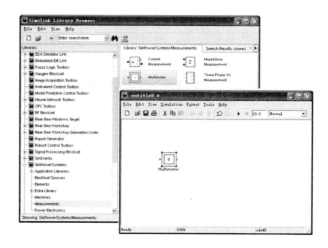

图 2-13　Multimeter 在库中的位置及图标

万用表可以测量多个参数，在分析电路时，灵活使用 Multimeter 模块，可以简化电路分析。但万用表的使用需要电路中各个元器件模块的配合，即在对元器件进行参数设置时，需要在其参数设置对话框中的选项中指定该元器件需要测量的参数，如图 2-14 所示。

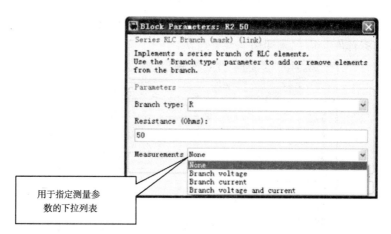

图 2-14　各元器件参数设置对话框中的 Measurements 选项

2.1.3　电力电子器件库

电力电子库中包含了常用的电力电子器件及模块，器件有电力二极管 Diode、电力场效应晶体管 MOSFET、绝缘栅双极型晶体管 IGBT、门极可关断晶闸管 GTO 等等，模块有不控整流桥、两电平通用桥、三电平通用桥等等。

1. 绝缘栅双极型晶体管 IGBT

在 SimPowerSystems 中，只关心 IGBT 的部分参数，例如 IGBT 的内阻、导通压降及 RC 缓冲电路等，而不考虑其电压电流等级。考虑到实际应用中 IGBT 常常需要与一个二极管反并联，库中还提供了一个 IGBT/Diode 模块供用户选用。

IGBT 的仿真模型结构如图 2-15 所示。

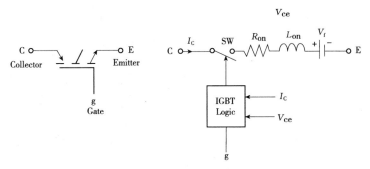

图 2-15 IGBT 的仿真模型

IGBT 的伏安特性及开关特性如图 2-16 所示。

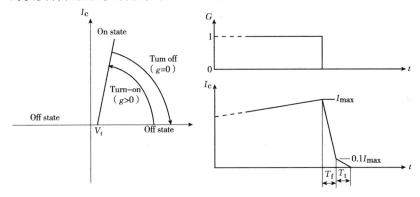

图 2-16 IGBT 的伏安特性及开关特性

SimPowerSystems 中 IGBT 的符号及参数设置对话框如图 2-17 所示。

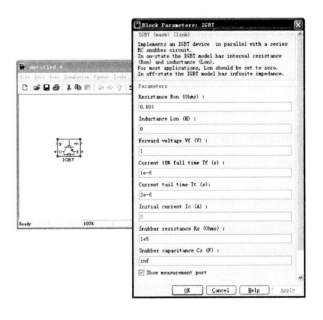

图 2-17 SimPowerSystems 中 IGBT 的符号及参数设置对话框

参数设置对话框中各选项的说明见表 2 - 4。

表 2 - 4　　　　　　　　　　　　IGBT 参数设置对话框各选项说明

参数选项	说明
Resistence R_{on}	IGBT 内阻，单位为 Ω
Inductence L_{on}	IGBT 内部电感，单位为 H，R_{on} 与 L_{on} 不能同时为 0
Forward voltage V_f	IGBT 正向导通电压，单位为 V
Current 10% fall time T_f	电流下降时间。定义为电流从最大值下降到其值的 10% 所需要的时间，单位为 s
Current tail time T_t	电流拖尾时间，电流从最大值的 10% 降为 0 所需的时间，单位为 s
Initial current I_c	初始电流 I_c，单位为 A，默认值为 0
Snubber resistence R_s	缓冲电路电阻，单位为 Ω
Snubber capacitance C_s	缓冲电路电容，单位为 F
Show measurement port	显示测量端口选项，选中后在器件图标的输出段有一个端子 m，该端子输出器件的端电压和电流，可以配合 Multimeter 或 Bus Selector 使用

2. 电力二极管 Diode

SimPowerSystems 中电力二极管 Diode 的内部结构及伏安特性如图 2 - 18 所示。

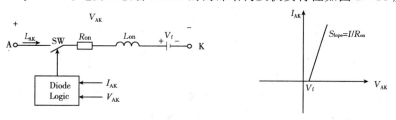

（a）电力二极管仿真模型内部结构　　　　　　　　　（b）电力二极管的伏安特性

图 2 - 18　电力二极管 Diode 的内部结构及伏安特性

电力二极管的图标及参数设置对话框如图 2 - 19 所示。

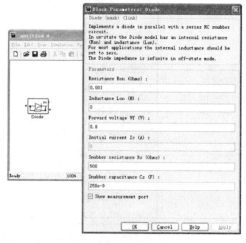

图 2 - 19　电力二极管的图标及参数设置对话框

在 SimPowerSystems 中没有普通二极管与肖特基二极管或电力二极管的区别，要得到不同的二极管模型只需设置不同的参数即可。

需要注意的是，由于 Simulink 是一种系统级仿真软件，因此它一般不用于开关器件的开关特性仿真。

2.1.4 电气元器件库

电气元器件（Elements）库包含了断路器、电阻、电容、电感、变压器、传输线等常用电气元器件的仿真模型。电气元器件（Elements）库的位置如图 2-20 所示。

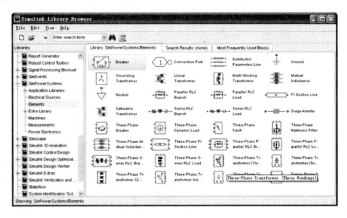

图 2-20 电气元器件（Elements）库

1. 断路器（Breaker）

断路器在电路中作为开关开通或关断电流使用。

在断路器的仿真模型中包含有一个串联的 RC 缓冲电路，如果断路器串联在感性电路中或断路器与电流源串联，必须在断路器中加入缓冲电路。

断路器的图标及参数设置对话框如图 2-21 所示。

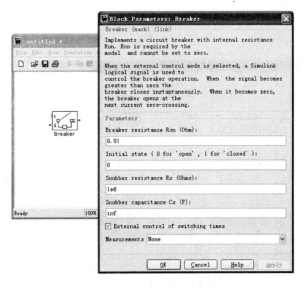

图 2-21 断路器 Breaker 的图标及参数设置对话框

断路器参数说明见表 2－5。

表 2－5   断 路 器 参 数 说 明

参数	说明
Breaker resistence R_{on}	断路器闭合内阻，单位为 Ω。该值不能为 0
Initial state	断路器初始状态，0 表示关断，1 表示开通
Snubber resistence R_s	缓冲电路电阻，单位为 Ω。可设置为 inf（无穷大），以忽略电阻的影响
Snubber resistence C_s	缓冲电路电容，单位为 F。可设置为 0，以忽略其影响
External control of switching times	如果选中，则断路器的闭合与关断由外部信号控制。当外部信号为 1 时，断路器闭合，在离散系统中，此时需保持 3 个采样周期以上才能保证断路器可靠闭合；当外部信号为 0 时，断路器在电流第一次的过零点断开，以避免大电流所引起的电弧
Switching times	开关时间，单位为 s。当断路器采用内部控制开关模式时有效。它的设置为向量形式，根据初始状态，断路器按照设定的时间依次动作
Measurement	测量项目选择，可以选择 None、Branch voltage、Branch current、Branch voltage and current

在直流电路中应使用理想开关，而不推荐使用断路器。

另外，在模型中使用断路器，仿真时应选择刚性（stiff）算法，使用 ode23t 可得到较快的仿真速度。

2. 串联 RLC 支路

为了方便用户，系统把一个串联 RLC 支路制作成了一个仿真模块 Series RLC Branch，如图 2－22 所示。

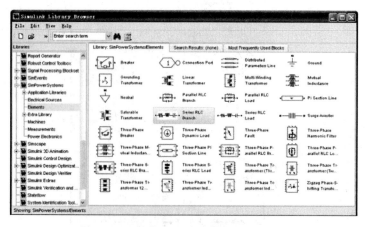

图 2－22 串联 RLC 支路模块 Series RLC Branch

可以看到，与串联 RLC 支路相类似的还有串联 RLC 负载（Series RLC Load）、并联 RLC 支路（Parallel RLC Branch）、并联 RLC 负载（Parallel RLC Load）及三相的各种类似支路和负载。

这里仅以串联 RLC 支路为例介绍这类模块的参数设置和应用。

串联 RLC 支路的图标与参数设置对话框如图 2－23 所示。其参数说明见表 2－6。

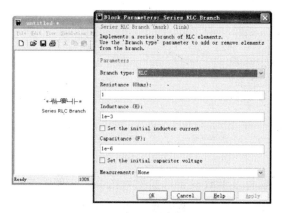

图 2－23　串联 RLC 支路的图标与参数设置对话框

表 2－6　　　　　　　　　　　　　　　串联 RLC 支路的参数设置

参数	说明
Branch Type	RLC 支路结构选择
Resistance（Ω）	电阻值，单位为 Ω
Inductance（H）	电感值，单位为 H。该参数可用该选项下面的复选选项设置初始值
Capacitance（F）	电容值，单位为 F。与电感类似，该参数可用该选项下面的复选选项设置初始值
Measurements	测量选择

2.1.5　控制模块库

在 SimPowerSystems 的 Extra Library 中包含有两个控制模块库，Control Blocks 和 Discrete Control Blocks，前者提供了连续控制模块，后者提供了离散控制模块。

两个控制模块库如图 2－24 所示。

图 2－24　在 Extra Library 库中的两个控制模块库

1. PWM 信号发生器

PWM 信号发生器是电力电子技术的重要装置，SimPowerSystems \ Extra Library \ Control Blocks 提供的 PWM Generator 是一个多功能模块，主要用来为 GTO、MOSFET、IGBT 等自关断器件提供门极驱动信号。PWM Generator 在库中的位置如图 2-25 所示。

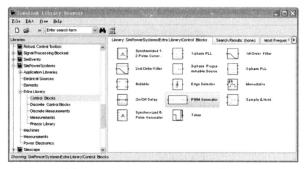

图 2-25　PWM Generator 的位置

PWM Generator 的图标及参数设置对话框如图 2-26 所示。

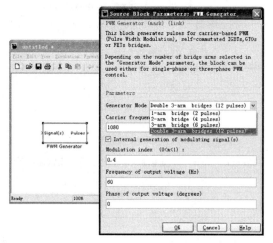

图 2-26　PWM Generator 的图标及参数设置对话框

PWM Generator 的参数及其设置见表 2-7。

表 2-7　　　　　　　　　　　　　**PWM Generator 的参数及设置**

参数或选项	说明
Generator Mode	发生器工作模式，可选单相桥、双相桥、三相桥及双三相桥工作模式
Carrier frequency	SPWM 三角载波频率，单位为 Hz
Internal generation of modulating signal	内部调制信号选项，如果不选中，则门极信号端口必须接外部控制信号；如果选中该项，则在按下【OK】按钮后在该选项下面出现的栏目中自定义调制波的调制度幅度和频率
Modulation index	调制度
Frequency of output voltage（Hz）	调制波基波频率
Phase of output voltage（deg）	调制波基波相位

2. 可编程定时器 Timer

为方便实现随时间变化的信号，系统为用户提供了一个可编程定时器（Timer）。可编程定时器在库中的位置如图 2-27 所示。

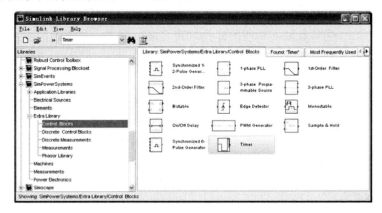

图 2-27　Timer 在库中的位置

Timer 的图标及参数设置对话框如图 2-28 所示。

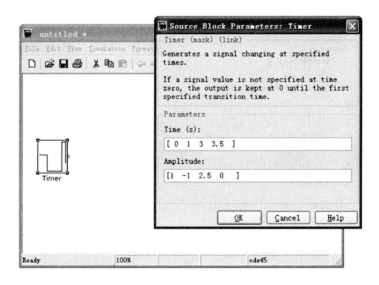

图 2-28　可编程定时器 Timer 的图标及参数设置对话框

Timer 的参数设置见表 2-8。

表 2-8   Timer 的 参 数

参数	说明
Time（s）	这是一个向量，其中的各个元素均为定时节点时间。定时器的起始时间可以为 0，也可以不为 0，当不为 0 时，模块初始输出为 0
Amplitude	一个向量，其中各个元素为定时器模块在时间节点上的输出值

2.2　子系统的制作与封装

实际建模过程中，常常会遇到一些难以在一张模型图中画出来的较为复杂系统。这时候就需要将大系统中的一些具有独立功能的部分封装起来，形成一些所谓的子系统，然后再利用这些子系统来构成整个系统。

1. 子系统的制作

Simulink 提供了两种构建系统的方法，一种是使用 Simulink/Ports&Subsystems 库中的 "Subsystem" 模块，另一种是使用快捷菜单命令 "Create Subsystem"。比较方便的是快捷命令法，其方法如图 2 - 29 所示。图 2 - 29（a）中虚线框表示的便是待要制作成子系统的模块集合。用鼠标框选这个模块集合，如图 2 - 29（b）使用右键打开快捷菜单并选用 "Create Subsystem" 命令，框选中的模块集合便会被制作成图 2 - 29（c）所示的样子，这就是子系统。如果需要对子系统的内容进行修改，再双击子系统图标即可打开它，修改完毕后关掉窗口即可。

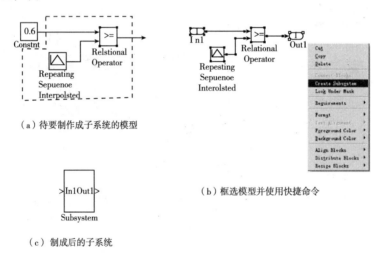

（a）待要制作成子系统的模型

（b）框选模型并使用快捷命令

（c）制成后的子系统

图 2 - 29　子系统的制作

2. 子系统的封装

通过上面图 2 - 29 所示的例子可以看到，通过系统分层和建立子系统可以相当方便地构建大型复杂系统，并且这些子系统还可以反复利用。然而，上例中子系统模型还存在一些缺点：修改内部模块参数不方便，需要打开子系统找到对应的模块后再行修改。为此，Simulink 提供了所谓的模块封装技术。对子系统封装以后的模块与 Simulink 模块库所提供的模块一样，子系统模块内部的参数可以显示于一个对话框，并可在这个对话框中对显示的参数进行输入和修改。

封装一个子系统也相当简单，选中该子系统图标，选择 "Edit | Mask Subsystem" 菜单命令，然后在所弹出的对话框中对封装进行设计即可。

例如上述图 2 - 29，假如子系统中三角波模块设置如图 2 - 30（a）所示，现欲将其设置成图 2-30（b）所示的样子，目的是想将来用户双击子系统模块图标时能打开一个参数设置对话框，然后由用户在那个对话框中对三角波的参数赋予实际值。

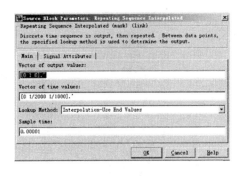 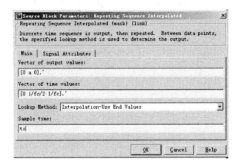

（a）原三角波的设置　　　　　　　　　　　　　　（b）改后三角波的设置

图 2-30　三角波参数的设置

为了达到上述目的，就要使用 Simulink 的封装机制。

首先，如图 2-31 所示，先选中待封装子系统，用鼠标右键打开快捷菜单，在菜单中选用"Mask Subsystem"命令，然后在随后打开的，如图 2-31（b）所示的封装设计对话框中选择"Parameters"选项卡，按下参数插入按钮，就可以在参数表中定义参数了。参数定义无误后，确认即可。

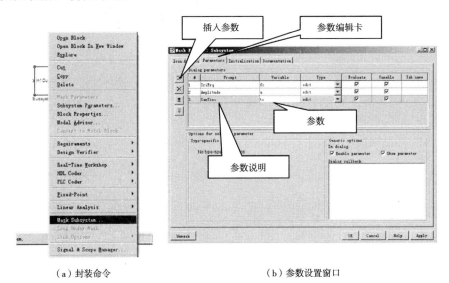

（a）封装命令　　　　　　　　　　　　　　（b）参数设置窗口

图 2-31　子系统的封装

一个功能模块集封装成子系统后，再用鼠标双击它，打开的就不再是子系统的内容栏，而只是允许用户修改的一个参数设置对话框，如图 2-32（a）所示。这就是封装的含义和意义。如果用户还需要观察和修改内部模块结构，那么就使用快捷菜单中的命令"Look Under Mask"来打开它，如图 2-32（b）所示。

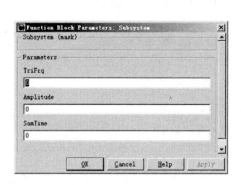

（a）子系统的参数设置对话框

（b）查看已封装子系统内容的命令

图 2-32　封装后的子系统

　　至于封装的其他功能和选项请读者自行参阅其他更详细的 Matlab 使用说明。同时，Simulink 允许构造多层子系统，在子系统中还包含若干下层子系统。

第3章 电力电子技术与运动控制系统实验单元

本装置是根据高等学校电气工程及其自动化专业、自动化专业本科课程《电力电子技术》、《运动控制系统》、《直流调速系统》、《交流调速系统》、《电机控制》等实验要求而设计的，可以完成这些课程的主要实验。

装置采用小单元挂箱积木式，小型轻便方便灵活、结构紧凑，可根据不同试验内容进行组合，功能齐全、综合性能好，一体化程度高。

装置布局合理，外形美观，连接线可靠，经久耐用，强电接线用安全型接插件、整个装置高度绝缘，面板示意图明显直观。

实验内容根据教学内容组织、满足教学大纲要求，该装置分模拟控制和全数字控制两大部分。电力电子技术与直流调速系统以模拟为主，交流调速系统、PWM直流斩波调速系统采用数字控制。实验装置对提高学生动手能力及对理论知识的理解很有帮助。

3.1 给定与给定积分单元 LY101

LY101为正负给定环节及给定积分环节，单元面板如图3-1所示。

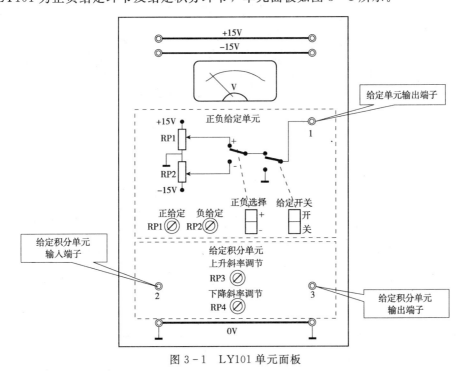

图3-1 LY101单元面板

1. 正负给定单元

正负给定单元由正给定电位器 RP1、负给定位器 RP2、给定正负选择开关、给定开关（关则给定为零）组成，输出端子为 1 号端子，接地内部完成，即为最下面的 0V 端子。给定环节单元可输出 0～±12V 给定电压，允许最大电流为 1～10mA，电压表可显示输出电压范围 0～±15V。

2. 给定积分单元

给定积分单元作用是对正负给定进行线性积分，使阶跃输入变为斜坡输入。这样对不能承受太大机械冲击的负载有一个缓冲保护作用，对电气控制来说，也可以在电流开环时限制交、直流电机的启动电流过大而跳闸。其给定的上升斜率及下降斜率可由 RP3 和 RP4 分别调整，调整范围在 0～7s 之间。当在系统没有调整好之前，给定经过积分环节后可防止过流等现象。当要测试系统动态快速性时，可不接给定积分或将 RP3、RP4 调整为最短时间即可。给定积分输入端为 2 号端子，输出端为 3 号端子，输出电压按 1∶1 同相输出，输出电流可被放大到 40mA。经过给定积分环节，可使给定输出的驱动能力得到很大提高。

3.2　零速封锁、速度调节器及速度反馈单元 LY102

LY102 单元由零速封锁环节 DZS、速度调节器及速度反馈 RS 三部分组成。单元面板如图 3 - 2 所示。

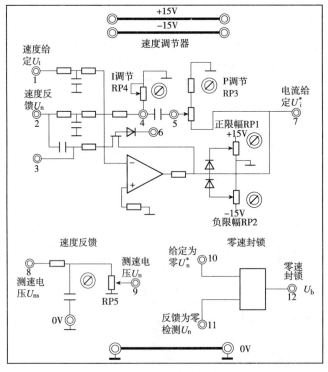

图 3 - 2　LY102 单元面板

1. 零速封锁环节 DZS

零速封锁环节的作用是保证电机在停车状态下不会爬行,当转速给定电压及转速反馈电压同时为零时,封锁各调节器。电平输入端子分别为"给定为零检测"10 号端子、"反馈为零检测"11 号端子,输出为 12 号端子,输出电平为封锁电平 0V 或使能电平－15V,输出给到调节器 6 号端子进行控制。

2. 速度调节器 ASR

速度调节器 ASR 功能是对给定反馈两个量进行加法、减法、比例、积分等运算。PI 参数由电位器 RP3 及电容 C 决定,动态放大倍数 P 由电位器 RP3 调节,参数 I 可通过端子 4 号、5 号并联外接电容改变电容值来实现。而电位器 RP4 可对 PI 参数的阻容比例进行调节,一般不用,将 RP4 停在最大电阻处即可。在电机空载小电流且主回路不串电感时,出现电流断续,可适当调节 RP4 提高电容比例。电位器 RP1、PP2 分别为正、负限幅调节,可限制输入电压即电流给定 U_i^* 的最大值。

3. 速度反馈环节 RS

测速电压 U_{ns} 来自测速发电机经过分压后的电压,并在反馈环节中进行了滤波。电位器 RP5 来调节转速反馈电压 U_n。

3.3 电流调节器、电流反馈及反向器单元 LY103

LY103 单元由电流调节器 ACR、电流反馈环节 RC 及反向器 AR 三部分组成。单元面板如图 3-3 所示。

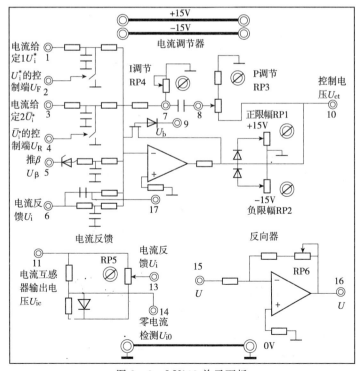

图 3-3 LY103 单元面板

1. 电流调节环节 ACR

电流调节器的功能与转速调节器相同，主要是对给定反馈两个量进行加法、减法、比例、积分等运算。

PI 参数由 RP3、电容 C（端子 7 号、8 号之间）决定，C 可外接电容。另外，在可逆运行时，由于只用一个电流调节器，所以，除了原有的电流给定 $1U_i^*$ 信号外，还需要增加电流给定 $2\overline{U_i^*}$ 信号，以及选择 U_i^* 并封锁 $\overline{U_i^*}$ 的 U_i^* 控制端 U_F 和 $\overline{U_i^*}$ 的控制端 U_R。另外，当发生故障时，应及时将脉冲推向 β 区，故有推 β 的输入信号。

2. 电流反馈环节 RC

电流反馈环节由阻容滤波、分压取样、电压调节、电流反馈以及零电流检测等功能组成。

3. 反向器 AR

反向器主要是对电流给定电压 U_i 进行反相，一般要求 1∶1 反相，但也可以通过 RP6 调节增益。

3.4　转矩和零电流电平检测及逻辑控制电路单元 LY104

LY104 由转矩和零电流检测以及逻辑控制电路组成。单元面板如图 3-4 所示。

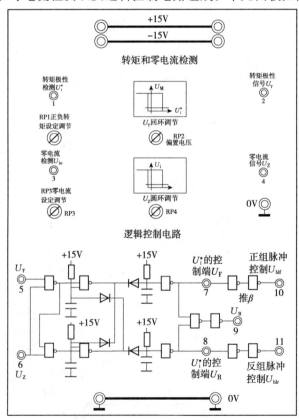

图 3-4　LY104 单元面板

3.4.1 转矩极性检测 DPT

转矩极性检测主要对转矩极性进行鉴别，以控制可逆运行时开哪组桥，当"转矩极性检测"1号端子 U_i^* 输入"＋"时，"转矩极性信号"2号端子输出为低电平，当"转矩极性检测"1号端子 U_i^* 输入为"－"时，"转矩极性信号"2号输出为高电平。它输入的是模拟量，输出是电平信号且具有继电特性，调节 RP1 可改变继电特性相对于零点的位置。调节 RP2 可调节特性回环宽度，一般回环宽度为 $0.3 \sim 0.9 V$。加大环宽可提高系统抗干扰能力，但回环宽度过大也会使系统响应变慢。

3.4.2 零电流检测 DPZ

零电流检测也是一个电平检测，工作原理与转矩性检测类似。RP3 可调节电流反馈电压动作电平值，RP4 可调节继电特性回环宽度。

3.4.3 逻辑控制电路 DLC

在逻辑无环流可逆系统中，逻辑控制电路 DLC 主要控制电流调节器正负电流给定，电压的选择，以及控制正组桥或者反组桥的晶闸管系统装置上的触发脉冲的通断，以实现系统无环流运行。其输入信号主要是转矩极性信号 U_T 及零电流检测信号 U_Z。DLC 主要由逻辑判断电路、延时电路、逻辑保护电路、推 β 等环节组成。

1. 逻辑判断环节

逻辑判断环节的任务是根据转矩极性检测和零电流检测出 U_T 和 U_Z 状态，正确地判断晶闸管的触发脉冲是否需要进行切换（由 U_T 是否变换状态决定）及切换是否具备条件（由 U_Z 是否由"0"态变"1"决定）。即当 U_T 变号后，零电流检测到主电路电流过零时，逻辑判断电路立即翻转，同时应保证在任何时刻逻辑判断电路的输出 U_F 和 U_R 状态必须相反。

2. 延时环节

要使正、反两组整流装置安全，可靠地切换，必须在逻辑判断电路发出切换指令 U_F 或 U_R 后。经关断等待时间 t_1（约 3ms）和触发等待时间 t_2（约 10ms）之后才能执行切换指令，故设置相应的延时电路。

3. 逻辑保护环节

逻辑保护环节也称"多一"保护环节，当逻辑电路发生故障时，U_F、U_R 的输出同时为"1"状态，逻辑控制器两个输出端 U_{blf} 和 U_{blr} 全为"0"状态，造成两组整流装置同时开放，引起短路环流事故，加入逻辑保护环节后，当 U_F、U_R 全为"1"状态时，U_{blf} 和 U_{blr} 都为高电平，两组触发脉冲同时封锁，避免产生短路环流。

4. 推 β 环节

在正、反桥切换时，逻辑控制器中的推 β 信号输出"1"状态信号，将此信号送入 ACR 的输入端作为脉冲后移推 β 指令，从而可避免切换时电流的冲击。

3.5 三相脉冲移相触发单元 LY105

LY105 为三相脉冲移相触发单元。单元面板如图 3-5 所示。

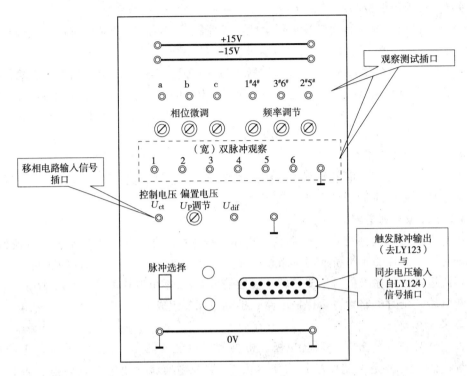

图 3-5　LY105 单元面板

该单元输入的三相同步电压、24V 驱动电源电压和输出的六路触发脉冲均由 25 芯线引出。三相脉冲移相触发电路，采用集成芯片 KC04，以锯齿波移相的方式确定六个管子的脉冲，根据输入控制电压 U_{ct} 的变化，改变晶闸管的控制角 α 或逆变角 β。面板上有同步电压 U_a、U_b、U_c 的观察孔，有锯齿波及双脉冲观察孔。相位微调电位器可适当调整各相位偏差。斜率调节可调节六路脉冲间距，并决定 U_{ct} 与 U_c 的放大系数。偏置电压 U_P 调节电位器可调零，若三相半波整流电路（电阻负载）：当 $U_{ct}=0V$ 时，实验所需 α 角应停在 120°处；若三相半波整流电路（电感性负载）：$U_{ct}=0V$ 时，α 角应停在 150°处等等。本线路采用 KC41 产生双脉冲电路，用 KC42 对双脉冲或宽脉冲进行斩波，以减小驱动电路的损耗。另外，对于三相交流调压电路来说，由于电感性负载感抗角的不确定性，一般以宽脉冲来控制晶闸管，故有脉冲选择开关，本线路增加了 4066、4069 等芯片构成模拟电子开关控制触发的形式，当开关拨向"双脉冲"时，该电路输出三相六路互差 60°的双窄脉冲，以实现一般整流电路或有源逆变电路所需触发控制；当开关拨向宽脉冲时，该电路输出三相六路后沿固定，前沿随 α 角改变的宽脉冲，最大宽度接近 180°，用于三相交流调压调速时两个反并联晶闸管的触发。

3.6　锯齿波移相触发单元 LY106

LY106 为锯齿波移相触发单元。单元面板如图 3-6 所示。

　　该线路与 LY105 不同的是以分立元件为主组成的电路，它便于学生根据教材测试各点波形，增强对电路理解。它由同步检测、锯齿波形成、移相控制、脉冲形成、脉冲放大等环节组成。

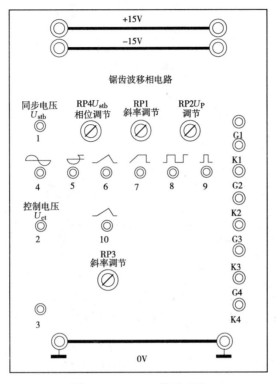

图 3-6　LY106 单元面板

　　由"同步电压 U_{stb}"1 号端子引入同步电压信号组成同步环节，即利用同步电压 U_{stb} 来控制锯齿波产生的时间和宽度。在由电路组成的锯齿波形成环节中，调节 RP1 可调节锯齿波斜率，从而调整在相同"控制电压 U_{ct}"时，得到不同的移相范围。控制电压 U_{ct}、偏置电压 U_P 及锯齿波的叠加，构成移相控制环节，RP1 决定脉冲形成环节。之后通过脉冲的放大和输出环节，输出 G1K1、G2K2、G3K3、G4K4 触发脉冲信号可分别驱动单相整流或逆变的四个晶闸管。

　　在 4 号~9 号孔上可看到对应的波形，当输出脉冲同主回路电压相位有差异时，可调整 RP4，对输入同步电压适当移相，使脉冲对齐要控制的主回路电压。

3.7　PI 调节电容箱单元 LY107

　　LY107 为三组外接电容，单元面板如图 3-7 所示。

　　主要用于 PI 调节器即 ASR 或 ACR 的外接电容 C，电容的数值可由琴键开关选择，共三组，其中每组电容值可在 0.1~4.7μF 之间进行选择。

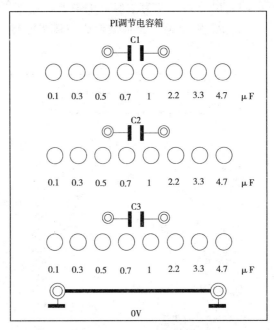

图 3 - 7　LY107 单元面板

3.8　单相交流调压触发电路单元 LY109

LY109 为单相交流调压触发电路。单元面板如图 3 - 8 所示。

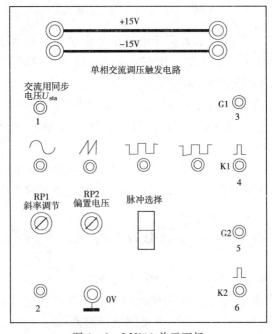

图 3 - 8　LY109 单元面板

单相交流调压电路主要用于单相交流调压电路以触发导通两个反并联的晶闸管或双向晶闸管。该电路采用 KC05 集成晶闸管移相触发器，具有线性好、移相范围宽、控制方式简单、有失交保护、输出电流大等优点。

RP1 决定线性下降的锯齿波斜率。脉冲经 KC05 内部驱动后，在 9 号脚上可得到 200mA 电流的触发脉冲。经脉冲输出环节后分别产生两路相同的脉冲。由于 KC05 在正弦波的正过零和负过零均产生锯齿波，故两个脉冲的间距为 $180°$，当被送到两个反并联的晶闸管时，关断晶闸管承受导通晶闸管的正向导通压降。

3.9   负载实验挂箱单元 LY112

LY112 为变电阻器负载，可变电阻式负载对于电流是连续性的，不能分段测定。单元面板如图 3-9 所示。

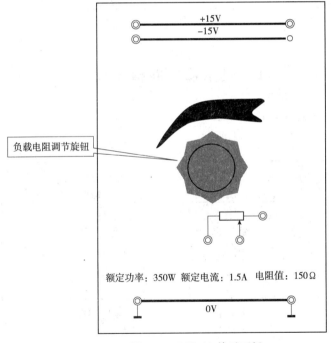

图 3-9   LY112 单元面板

此负载挂箱电阻为 150Ω，功率为 300W，过电流能力为 1.5A。

3.10   电源面板单元 LY121

LY121 单元面板如图 3-10 所示。

输入三相四线电压经快速空气开关后送入各用电单元。通过三相变压器输出 A1、B1、C1 三相可调电压，三相交流线电压 380V 输出 A2、B2、C2 不可调电压。另外，主回路起停开关及励磁直流供电开关也在 LY121 单元。

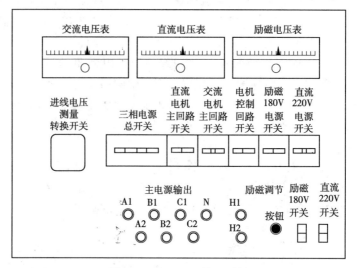

图 3-10　LY121 单元面板

3.11　测量仪表面板单元 LY122

LY122 单元为一组实验测量用表单元，包括交流电压表、交流电流表、直流电压表、直流电流表及转速表，如图 3-11 所示。

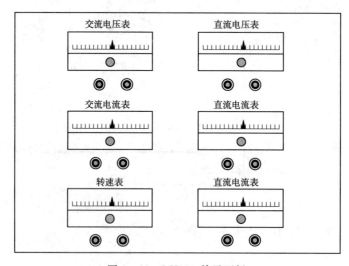

图 3-11　LY122 单元面板

3.12　两组可控整流桥单元 LY123

LY123 单元为两组可控整流桥单元。单元面板如图 3-12 所示。

有正组触发Ⅰ桥，反组触发Ⅱ桥，两组三相六个管子组成的整流桥。可分为工作在整

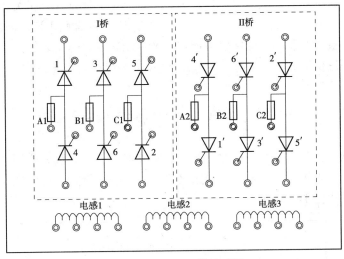

图 3-12　LY123 单元面板

流或逆变状态。当三相运行时，只要接上 25 芯线即可完成，另外正组触发 I 桥、反组触发 II 桥都有门极引出端子。在做单相半波或单相桥式整流等实验时，需另接入脉冲输入信号，而不用 25 芯线。

当有关晶闸管的保护系统出现开路时，对应氖泡将自动发光进行报警，停止实验。

3.13　控制电源面板单元 LY124

LY124 面板单元由控制电源、不控整流桥及同步电压信号组成。单元面板如图 3-13 所示。

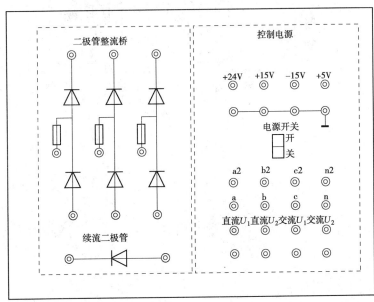

图 3-13　LY124 单元面板

（1）控制电源主要有 5V、±15V 及 24V 电源，在正常时，有相关指示灯指示，需要学生接线的是 +15V、−15V、0V 三线，24V 是在 25 芯内自联，不用外部再接。

（2）不控整流桥主要用于交流串级调速以及单相逆变电路实验。

（3）同步电压信号 a、b、c 与 a2、b2、c2 用来产生触发脉冲信号。

3.14　交流变频面板单元 LY125

LY125 面板单元为交—直—交型式的 PWM 变频器。单元面板如图 3-14 所示。

该单元还具有故障保护、电流、转速、检测等功能。同时，可以观察直流侧电压波形 U_d 及三相电压输出波形 U_u、U_v、U_w。

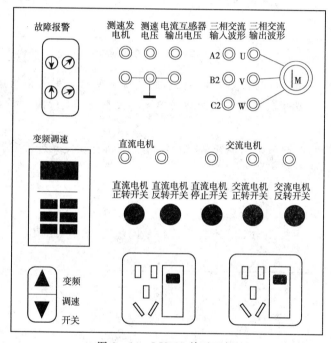

图 3-14　LY125 单元面板

第4章 电力电子技术实验

4.1 全控型电力电子器件特性与驱动电路

4.1.1 实验目的

（1）了解电力电子系统的基本结构。

（2）理解全控型电力电子器件的静态、动态特性。

（3）理解全控型电力电子器件的驱动与保护电路的结构及特点。

（4）了解由电力电子器件构成 PWM 直流斩波电路原理与方法。

4.1.2 实验原理

4.1.2.1 电力 MOSFET

MOSFET 是一种三极管，但它是一种电压控制型开关器件，驱动功率很小，所以 GTR 和 MOSFET 两者相比较，MOSFET 最终受到了业界的欢迎，成为了当前电力电子装置中的重要部件。

如图 4-1 所示，MOSFET 实质上是一种大功率场效应管，它有源极 S（source）、漏极 D（drain）和栅极 G（gate）三个电极。其源极 S 与漏极 D 之间依靠导电沟道来流通电流，而这个沟道的截面积，即其流通电流的能力，取决于栅极 G 的电压，因为这个导电沟道是这个电压在 MOSFET 的基底半导体中感应出来的。即 MOSFET 是一种受栅极电压控制的电压控制型开关器件。

图 4-1 为 N 沟道增强型 MOSFET 的结构图，其基底为 P 型半导体，在基底之上有两块 N 区并分别引出了源极和漏极。管子的栅极 G 处在源极与漏极之间，但并不与基底半导体直接相连接，而是在其间隔有 SiO₂ 材料的绝缘层，故这种栅极叫做绝缘栅极。当然，除了 N 沟道 MOSFET 之外，还有 P 沟道 MOSFET，目前用得最多的是前者。

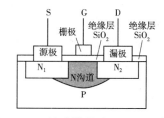

图 4-1 N 沟道增强型 MOSFET 结构图

MOSFET 的转移特性与输出特性分别示于图 4-2（a）与（b）。

4.1.2.2 IGBT

GTR 和 MOSFET 各有优缺点。GTR 具有导通内阻低和阻断电压高的优点，但因其是一种电流控制型器件，所以开通增益太小，仅为 5～10，这对大功率器件控制电路的制作工艺和电能消耗都是沉重的负担，此外 GTR 的典型开关频率比较低，仅为 5kHz；与此相反，因 MOSFET 是一种电压控制型器件，控制功率极低，并且它还是一种高频器件，

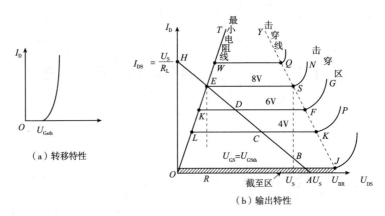

（a）转移特性　　　　　　　（b）输出特性

图 4-2　MOSFET 的转移特性与输出特性

完全能在超音频硬开关环境中工作，只是其输出特性不如 GTR。于是两相结合，人们又研制成功了输入特性和开关频率与 MOSFET 相似，而输出特性和开关容量则与 GTR 相似的新型电力电子器件——IGBT。由于 IGBT 的卓越性能，短短几年 IGBT 就完全占据了原先 GTR 乃至 MOSFET 的应用领域，并且其优良的高频性能，使电力电子技术真正进入到超音频时代。

1. 等效电路和工作原理

IGBT 的等效电路和符号如图 4-3 所示。

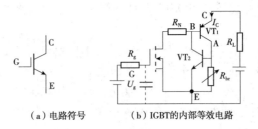

（a）电路符号　　　　（b）IGBT 的内部等效电路

图 4-3　IGBT 的电路符号及内部等效电路

IGBT 有门极 G、集电极 C 和发射极 E 三个极，等效电路中的 PNP 型三极管 VT$_1$ 是 IGBT 的输出部分，这个 VT$_1$ 由 MOSFET 管控制，其中 VT$_2$ 是 IGBT 内部的一个寄生 NPN 型三极管。

当无门极信号时（$U_{GE}=0$），MOSFET 管截止，VT$_1$ 管无基极电流而处于截止状态，IGBT 关断。如果在门极与发射极间加控制信号 U_{GE}，改变了 MOSFET 导电沟道的宽度，从而改变了调制电阻 R_N，使 VT$_1$ 获得基流，VT$_1$ 集电极电流增大；如果 MOSFET 栅极电压足够大，则 VT$_1$ 饱和导通，IGBT 迅速从截止转向导通，如果撤除门极信号，IGBT 将从导通转向关断。

IGBT 和 MOSFET 有相似的转移特性，和 GTR 有相似的输出特性，转移特性是集极电流 I_C 与门射极电压 U_{GE} 的关系，输出特性分饱和区、有源区和阻断区（对应 GTR 的饱和区、放大区和截止区），在有源区内 I_C 与 U_{GE} 呈近似的线性关系（见转移特性），工作在开关状态的 IGBT 应避免工作在有源区，在有源区器件的功耗会很大。在电压 $U_{GE}<U_T$ 时

IGBT 阻断，没有集极电流 I_C。

IGBT 的特性如图 4-4 所示。

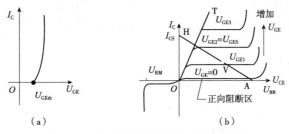

（a）　　　　　　　　　　（b）

图 4-4　IGBT 的转移特性和输出特性

2. 擎住效应

由于在 IGBT 内部存在一个寄生三极管 VT_2，在 IGBT 截止和正常导通时，R_N 上压降很小，三极管 VT_2 没有足够的基流不会导通，如果 I_C 超过额定值，VT_2 基极与射极之间的体区短路电阻 R_N 上压降过大，寄生三极管 VT_2 就会导通，VT_2 和 VT_1 就形成了一个等效晶闸管，因此即使撤除 U_{GE} 信号 IGBT 也会因继续导通而使门极失去控制，这种不受门极控制的导通称为擎住效应。另外还有两种情况会导致这种擎住效应，一是在集电极电压过高，VT_1 管漏电流过大，使 R_N 上压降过大时；二是在关断 IGBT 时，若前级 MOSFET 关断过快，使 VT_1 管承受了很大的 du/dt，T_1 结电容会产生过大的结电容电流，在 R_N 上产生过大电压。不管什么原因，如果出现了擎住效应，而外电路还不能限制住 I_C 的上升，那么最终会导致器件的损坏。因此，为防止可能出现的擎住效应，对 IGBT 需要利用相应慢关断技术来限制其关断速度。

3. 安全工作区

IGBT 的安全工作区分为正向偏置安全工作区（FBSOA）和反向偏置安全工作区（RBSOA）。

正向偏置安全工作区是指 IGBT 在开通工作状态时的参数极限范围，如图 4-5（a）所示。FBSOA 与 IGBT 的导通时间（即导通脉宽）密切相关，导通时间很短时安全工作区近似为矩形。随着导通时间的增加，安全工作区逐步减小，直流工作时安全工作区最小。因为导通时间越长，发热越严重，安全工作区也就越小。

反向偏置安全工作区是指 IGBT 在关断工作状态下的参数极限范围，如图 4-5（b）所示，RBSOA 由导通时的最大集电极电流 I_{CM}、集射极电压 U_{CES} 和功耗三条边界包围而成。

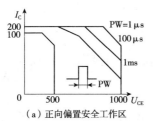
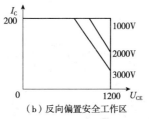

（a）正向偏置安全工作区　　　　（b）反向偏置安全工作区

图 4-5　安全工作区

4. 主要参数

IGBT 的主要参数为最大集射极电压 U_{CES}，最大集极电流 I_C，最大集电极功耗 P_{CM} 和开通与关断时间。其中，最大集射极电压 U_{CES} 指的是 IGBT 的额定电压，超过该电压 IGBT 将可能被击穿；最大集电极电流指的是包括通态时通过的直流电流 I_C 和 1ms 脉冲宽度的最大电流 I_{CP}。

IGBT 的开关特性如图 4-6 所示。

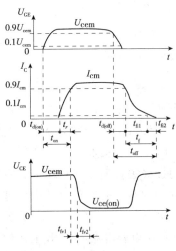

图 4-6 IGBT 的开关过程

其中，$U_{GE}(t)$ 曲线为门极驱动电压波形；$I_C(t)$ 曲线为集极电流波形；$U_{CE}(t)$ 为开关时集射极电压波形。导通时间 $t_{on} = t_{d(on)} + t_r$，其中 t_d 为电流延迟时间，t_r 为电流上升时间；关断时间 $t_{off} = t_{d(off)} + t_f$，其中 $t_{d(off)}$ 为关断电流延迟时间，t_f 为电流下降时间。在 IGBT 导通时集射极电压 U_{CE} 变化分为 t_{fv1} 和 t_{fv2} 两段，在集极电流上升到 I_{CM} 的 90% 时，U_{CE} 开始下降，t_{fv1} 对应导混时 MOSFET 电压的下降过程，t_{fv2} 段对应 MOSFET 和 T_1 同时工作时的 U_{CE} 下降过程。因为 U_{CE} 下降时 MOSFET 的栅漏电容增加和 T_1 管经放大区到饱和区要有一个过程，这两个原因使 U_{CE} 下降过程变缓。电流下降时间 t_f 又分为 t_{fi1} 和 t_{fi2} 两段，t_{fi1} 对应 MOSFET 的关断过程。MOSFET 关断后，因为 IGBT 这时不受反向电压，N 基区的少数载流子复合缓慢，使 I_C 下降变慢形成 t_{fi2} 段，造成关断时电流的拖尾现象，使 IGBT 的关断时间大于电力 MOSFET 的关断时间。

4.1.3 实验内容

（1）全控型器件的驱动脉冲测试。

（2）全控型器件的导通、关断瞬态波形测试。

4.1.4 实验挂箱及仪器

（1）THPE-1 型实验箱，其面板布置图见图 4-7。

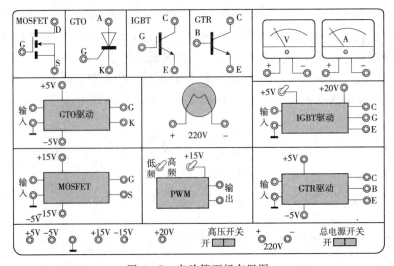

图 4-7 实验箱面板布置图

（2）双踪示波器。

4.1.5 实验步骤

（1）调节 PWM 波发生器，不接任何线路，使用示波器观察输出波形。

1）选择 PWM 模块的频率选择开关，频率输出 1kHz 以下为"低频档"、1kHz 以上为"高频档"。

2）调节频率旋钮调节 PWM 波输出频率，MOSFET 和 IGBT 器件的脉冲输入频率为"8~10kHz"，GTO 和 GTR 为"1kHz"。

3）调节占空比旋钮，把占空比 D 调节为 0.3（占空比是指高电平在一个周期之内所占的时间比率，即 $D = \dfrac{t_{on}}{T}$，t_{on} 为高电平时间，T 为周期）。

（2）调节驱动保护电路。

1）将 PWM 波发生器的输出接到驱动保护电路的输入端，接通驱动模块的电源。IGBT 和 GTR 的驱动保护电路的输出要接到器件。

2）使用示波器在驱动模块的输出端观察驱动电路输出波形，调节 PWM 波形发生器的频率及占空比，观测 PWM 波形的变化规律。

（3）接主电路。

1）按照接线图接主电路。

2）合上主电路电源开关，用示波器观测电力电子器件的动态特性，对照教材上的理论波形进行分析，并保存图形。

3）调节占空比 D，用示波器观测负载波形，了解斩波电路原理。测定并记录不同占空比时负载的电压平均值 U_a 见表 4-1 中。

注意：上电顺序，为了防止主电路刚开通时冲击电流过大，启动前将占空比调小。

表 4-1　　　　　　　　　　　　实　验　记　录

D	0.2	0.3	0.4	0.5	0.6	0.7	0.8
U_a							

4.1.6 实验报告

（1）详细说明实验目的和实验原理，并绘制电力电子系统的基本结构图。

（2）整理并画出不同电力电子器件的动态特性并对照教材上的理论波形及实验波形，讨论并分析。

（3）画出 $U_a = f(D)$ 的曲线，并与理论曲线进行对比，分析差异存在的原因。

（4）回答思考题

①MOSFET 和 IGBT 的动态特性有何区别？

②总结各种电力电子器件的驱动与保护电路的结构及特点。

4.2　晶闸管锯齿波同步移相触发电路

4.2.1 实验目的

（1）加深理解锯齿波同步移相触发电路的工作原理及各元件的作用。

（2）掌握锯齿波同步移相触发电路脉冲初始相位的调整方法。

（3）理解同步移相触发脉冲产生的原理。

4.2.2 实验原理

晶闸管（Thyristor 或 SCR）是一种单向导电的电力电子器件，它具有三个极，除了阳极和阴极之外，它还有一个可以控制晶闸管是否导通的控制极。当晶闸管承受正向电压且需要使其正向导通时，只需在其门极（控制极）与阴极之间施加一个正的触发脉冲即可。晶闸管是一种导通可控的半控器件，只能在其承受正向电压时由控制极电压确定其是否导通，而一旦导通便不再受控，只要器件承受的电压为正且电流连续，器件就一直导通，直至承受反向电压或电流断流而恢复阻断状态。

4.2.2.1 结构及原理

如图 4-8（a）所示，晶闸管由 PNPN 四层半导体材料组成，上层 P_1 引出的电极叫做阳极 A（anode），下层 N_2 引出的电极叫做阴极 K（cathode），在中间 P_2 层引出的电极则叫做门极 G（gate）或控制极。

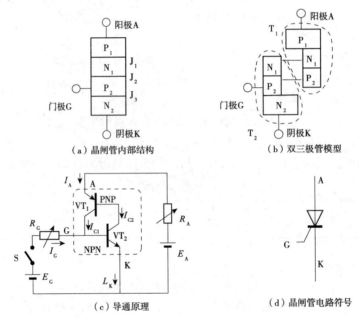

（a）晶闸管内部结构　　（b）双三极管模型

（c）导通原理　　（d）晶闸管电路符号

图 4-8　晶闸管结构及工作原理

四层 PNPN 半导体形成了 J_1、J_2、J_3 三个 PN 结，在门极 G 开路无控制信号时，无论在晶闸管上施加何种方向的电压，晶闸管均不会导通。因施加正向电压（阳极 A+，阴极 K-），有 J_2 结反偏，不会有电流通过；而施加反向电压（阳极 A-，阴极 K+），则有 J_1 和 J_3 两个结反偏，也不会有电流通过。

但在晶闸管受正向电压的情况下，如在门极 G 和阴极 K 之间注入驱动电流，晶闸管则会迅速从断态转向通态，有正向电流通过。其原理可以用晶闸管的双三极管模型来说明。如图 4-8（b）所示，如果将晶闸管中间的两层纵向剖开并将其向两别拉开，则晶闸管就成为两个集电极和基极互相连接的三极管，其中，一个为 PNP 型三极管（图中的

VT$_1$），另一个为 NPN 型三极管（图中的 VT$_2$）。

如果将晶闸管如图 4-8（c）所示那样接成电路，那么在开关 S 断开时，因 VT$_2$ 没有基极电流，VT$_1$ 和 VT$_2$ 两个三极管都不会导通，晶闸管处于关断状想，如果将开关 S 合上，则 VT$_2$ 会因有基极电流 I_G 而导通，进而产生了集电极电流 I_{C2}，因 I_{C2} 就是 VT$_1$ 的基极电流，所以 VT$_1$ 也开始导通，并产生集电极电流 I_{C1}。可知，只要两个三极管的电流放大倍数均大于 1，那么 I_{C2} 一定大于开关 S 合上那一瞬间的电流 I_G，从而形成了正反馈，使两个管子快速进入饱和导通状态。由于这种正反馈的作用，这两个管子一旦导通，即使开关 S 断开致使外电流变零之后，两个管子也会继续处于导通状态，直至外电路使晶闸管电流反向。也就是说，欲使一个承受了正向电压的晶闸管导通，只需在晶闸管的门极 G 施加一个正的触发电流即可，但欲使其恢复阻断状态则需要使流过晶闸管的电流为 0。

因正反馈的作用，两个三极管导通后都处于深度饱和状态，管压降很小，如果忽略这个管压降，那么导通后的晶闸管就相当于一个处于导通状态的开关。因其不能依靠控制电压关闭，故晶闸管只是一个仅开通可控的半控型开关。

4.2.2.2 晶闸管伏安特性

晶闸管的伏安特性如图 4-9 所示。

晶闸管承受正向电压时的特性叫做正向特性（在特性曲线的 I 象限）。在门极电流 $I_G = 0$ 时，晶闸管因为没有触发而不导通而处于正向阻断区，这时在正向电压只存在少量的漏电流。如果调节晶闸管电路中的电源 E_A 使其从 0 逐渐增加，那么晶闸管两端电压 U_{AK} 也不断上升，当 U_{AK} 增加到一定值 U_{B0} 时，电流 I_A 会突然迅速增加，晶闸管迅速导通，但这不是正常导通，而是因正向电压过高，晶闸管被击穿。在击穿时，晶闸管的管压降 U_{AK} 很小，电流 I_A 很大。使晶闸管发生正向击穿的临界电压 U_{B0} 称为转折电压。

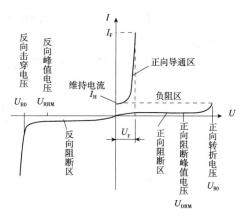

图 4-9　晶闸管伏安特性曲线

晶闸管的转折电压 U_{B0} 与门极触发电流 I_G 有关，I_G 越大，U_{B0} 越小，若有足够大的门极触发电流 I_G，则在很小的阳极电压下晶闸管就可以从关断变为导通，这时晶闸管的正向特性和二极管的正向特性相似。晶闸管导通后其管压降 U_{AK} 迅速下降为 1V 左右，而流过晶闸管的电流 I_A 则取决于外电路电阻 R_A 及电源 E_A 的值。

为降低门极功耗，一般采用短暂的脉冲电流来触发晶闸管。但为保证晶闸管可靠导通，门极脉冲电流必须持续到晶闸管电流 I_A 增大到 I_L，而不能过早撤销，因为只有这样才能保证触发脉冲消失后，晶闸管仍处于导通状态。电流 I_L 称为擎住电流。

晶闸管导通后，如果阳极电流因某种原因下降，那么当 I_A 低于 I_H 时，晶闸管就会从导通转向关断。因电流 I_H 是维持晶闸管导通的最低电流，所以该电流称为维持电流，一般 $I_H < I_L$。

晶闸管的反向特性与二极管反向特性相似。如果晶闸管被施加了反向电压（电源 E_A 反接），从晶闸管等效模型中可以看到两个三极管被反向偏置，因此无论给晶闸管门极以

正脉冲还是负脉冲，晶闸管都不会导通。但是若反向电压过高，当 $|-U_{AK}| > |U_{R0}|$ 时，晶闸管将发生反向击穿现象，反向电流会因晶闸管损坏而急剧增加。

综上所述可知，晶闸管的导通条件为：晶闸管受正向电压，并且有一定强度（大小和持续时间）的正触发脉冲。导通后阳极电流要大于擎住电流 I_L，晶闸管才能可靠导通。晶闸管的关断条件为：晶闸管承受反向电压或者阳极电流 I_A 降到维持电流 I_H 以下。

4.2.2.3　开关特性

对器件施加正向电压时，为避免误触发现象，必须对断态或静态的 du/dt 加以限制。du/dt 会在中间结的耗尽层电容中产生位移电流，它在晶体管中感应出门极电流并引起开关动作。当器件开通时，阳极电流的 di/dt 可能会很大，以至于会毁坏器件。

因在导通期间，内层 PN 结保持着高度饱和的少数载流子，所以在关断晶闸管时，为了恢复其正向电压阻断能力，可对器件施加一个反向电压来使少数载流子尽快复合消失，但需设计得当的缓冲电路将 di/dt 和 du/dt 限制在可以接受的范围内。

4.2.2.4　主要参数

为了正确选择和使用晶闸管、需要理解和掌握晶闸管的主要参数。表 4-2 列出了晶闸管的主要参数。表 4-3 列出了国产晶闸管正反向重复峰值电压的等级。

表 4-2　　　　　　　　　晶闸管的主要参数

型号 \ 参数	通态平均电流 $I_{T(AV)}$ (A)	断态重复峰值电压、反向重复峰值电压 U_{DRM}、U_{RRM} (V)	断态重复峰值电压、反向不重复平均电流 $I_{DS(AV)}$、$I_{RS(AV)}$ (mA)	额定结温 t_{jm} (℃)	门极触发电流 I_{GT} (mA)	门极触发电压 U_{GT} (V)	断态电压临界上升率 du/dt	通态电流临界上升率 di/dt	浪涌电流 I_{TSM} (A)
KP1	1	100～3000	≤1	100	3～30	≤2.5			20
KP5	5	100～3000	≤1	100	5～70	≤3.5			90
KP10	10	100～3000	≤1	100	5～100	≤3.5			190
KP20	20	100～3000	≤1	100	5～100	≤3.5			380
KP30	30	100～3000	≤2	100	8～150	≤3.5			560
KP50	50	100～3000	≤2	100	8～150	≤3.5			940
KP100	100	100～3000	≤4	115	10～250	≤4			1880
KP200	200	100～3000	≤4	115	10～250	≤4	5～1000	25～500	3770
KP300	300	100～3000	≤8	115	20～300	≤5			5650
KP400	400	100～3000	≤8	115	20～300	≤5			7540
KP500	500	100～3000	≤8	115	20～300	≤5			9420
KP600	600	100～3000	≤9	115	30～350	≤5			11160
KP800	800	100～3000	≤9	115	30～350	≤5			14920
1000	1000	100～3000	≤10	115	400～400	≤5			18600

表 4 - 3 晶闸管正反向重复峰值电压的等级

级别	断态正反向重复峰值电压（V）	级别	断态正反向重复峰值电压（V）	级别	断态正反向重复峰值电压（V）
1	100	8	800	20	2000
2	200	9	900	22	2200
3	300	10	1000	24	2400
4	400	12	1200	26	2600
5	500	14	1400	28	2800
6	600	16	1600	30	3000
7	700	18	1800		

1. 额定电压 U_{Tn}

当门极开路，元件处于额定结温时，由所测定的正向转折电压 U_{B0} 和反向击穿电压 U_{R0}，先按制造厂家规定减去某一数值（通常为 100V），分别得到正向不重复峰值电压 U_{DSM} 和反向不重复峰值电压 U_{RSM}，然后再各乘以 0.9 得到正向断态重复峰值电压 U_{DRM} 和反向重复峰值电压 U_{RRM}，最后将 U_{DRM} 和 U_{RRM} 中较小值的百位数取整后作为该晶闸管的额定电压等级。

例如，一晶闸管实测 $U_{DRM}=920V$，$U_{RRM}=860V$，将二者较小的 860V 百位数取整得 800V，该晶闸管的额定电压值为 800V 即 8 级。

实际在选用晶闸管时，由于使用环境的影响，故应注意留有充分的裕量，一般应按工作电路中可能承受的最大瞬时值电压 U_{TM} 的 2～3 倍来选择晶闸管的额定电压，即

$$U_{Tn} = (2 \sim 3)U_{TM}$$

2. 额定电流 $I_{T(AV)}$

晶闸管在满足一定条件下通过的工频正弦半波电流的平均值，并按晶闸管标准电流系列取值后的电流值称为该晶闸管的额定电流，如图 4-10 所示。其条件为

（1）工作环境温度为 40℃，且具有规定的冷却条件。

（2）晶闸管导通角不小于 170°。

（3）负载为电阻。

（4）工作时结温不超过额定且稳定。

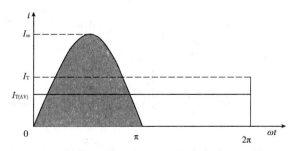

图 4-10 流过晶闸管的工频正弦半波电流波形

晶闸管的额定电流也称为额定通态平均电流。

按照规定条件，如果流过晶闸管的工频正弦半波电流的最大值为 I_m，则

$$I_{T(AV)} = \frac{1}{2\pi} \int_0^\pi I_m \sin\omega t \, \mathrm{d}(\omega t) = \frac{I_m}{\pi}$$

额定电流有效值为 I_T

$$I_T = \sqrt{\frac{1}{2\pi} \int_0^\pi (I_m \sin\omega t)^2 \, \mathrm{d}(\omega t)} = \frac{I_m}{2}$$

但是在实际使用中，不同的电路、不同的负载，流过晶闸管的电流波形形状、波形导通角通常并不符合上述规定，这时就需对上述的计算进行必要的修正。但凡含有直流分量的电流都有电流平均值（一个周期内波形面积的平均值）和电流有效值（均方根值），所以可以把实际电流波形的有效值与平均值之比称为该电流的波形系数 K_f，即

$$K_f = \frac{I_T}{I_{T(AV)}} = \frac{\pi}{2} = 1.57$$

然后用这个波形系数进行修正。例如某晶闸管的额定电流 $I_{T(AV)}$ 为 100A 的晶闸管，那么其额定电流有效值便为

$$I_T = 157A$$

在选用晶闸管的时候，首先要根据晶闸管的额定电流求出元件允许流过的最大有效电流。不论流过晶闸管的电流波形如何，只要流过元件的实际电流最大有效值小于或等于晶闸管的额定电流有效值，且实际散热冷却符合规定的条件，管芯的发热就可以限制在允许范围内。考虑到晶闸管的电流过载能力比一般电机、电器要小得多，因此在选用晶闸管额定电流时，要在实际最大电流计算值上再乘以 1.5~2 的安全系数，即

$$I_{T(AV)} = (1.5 \sim 2) \frac{I_T}{1.57}$$

3. 通态平均电压 $U_{T(AV)}$

当晶闸管流过正弦半波的额定电流并达到稳定的结温时，晶闸管阳极与阴极之间电压降的平均值，称为通态平均电压。额定电流大小相同而通态平均电压小的晶闸管，耗散功率小，管子质量较好。其分组如表 4-4 所示。

表 4-4　　　　　　　　　　晶闸管正向通态平均电压的组别

正向通态平均电压	$U_{T(AV)} \leqslant 0.4$ (V)	$0.4 \leqslant U_{T(AV)} \leqslant 0.5$ (V)	$0.5 \leqslant U_{T(AV)} \leqslant 0.6$ (V)	$0.6 \leqslant U_{T(AV)} \leqslant 0.7$ (V)	$0.8 \leqslant U_{T(AV)} \leqslant 0.9$ (V)
组别代号	A	B	C	D	E
正向通态平均电压	$0.8 \leqslant U_{T(AV)} \leqslant 0.9$ (V)	$0.9 \leqslant U_{T(AV)} \leqslant 1.0$ (V)	$1.0 \leqslant U_{T(AV)} \leqslant 1.1$ (V)	$1.1 \leqslant U_{T(AV)} \leqslant 1.2$ (V)	
组别代号	F	G	H	I	

鉴于上面所介绍的三个参数的重要性，在晶闸管的型号命名中通常会有注明，国产普通晶闸管型号的命名格式及含义为

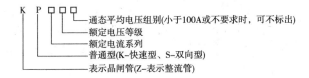

4. 晶闸管的其他参数

维持电流 I_H。在室温和门极断开时，元件从较大的通态电流降至维持通态所必需的最小电流称为维持电流。它一般为十几到几百毫安。维持电流与元件容量、结温有关，元件的额定电流愈大，维持电流也愈大。结温较低时维持电流也较大。

擎住电流 I_L。晶闸管断态转入通态之后的瞬间，去掉触发信号后能使元件继续保持导通状态所需的最小阳极电流成为擎住电流。擎住电流 I_L 通常为维持电流 I_H 的几倍。为保证晶闸管可靠触发导通，必须保证把触发脉冲的作用时间维持到阳极电流上升到擎住电流以上，否则晶闸管极有可能重新恢复到原来的阻断状态，即触发脉冲必须具有一定的宽度。

断态电压临界上升率 du/dt。在额定结温和门极开路情况下，能保证元件不会误导通的最大阳极电压上升率，称为断态电压临界上升率。

晶闸管处于阻断状态下 $P_2 N_1$ 结相当于一个电容，突加正向阳极电压，会有充电电流通过这个结面，该电流流经门极与阴极间的 $P_2 N_2$ 时，起了类似触发电流的作用。正向阳极电压上升率愈大，充电电流就愈大，有可能使晶闸管造成误导通，因此要采取措施加以限制，例如在元件两端并接阻容元件，利用电容两端不能突变的性质来限制电压上升率。

通态电流临界上升率 di/dt。在规定条件下，晶闸管在门极触发开通时所能承受不导致损坏的最大通态电流上升称为通态电流临界上升率。

当门极输入触发电流，晶闸管刚开始导通时，如果阳极电流上升过快有很大的电流集中在门极附近的小区域内，造成局部过热而使晶闸管损坏必须采取措施控制通态电流临界上升率。

4.2.2.5 晶闸管触发电路

晶闸管触发电路的作用是产生符合要求的门极触发脉冲，保证晶闸管在需要的时刻从阻断转为导通。晶闸管触发电路大致可分为四个部分，如图 4-11 所示。

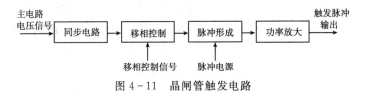

图 4-11 晶闸管触发电路

晶闸管触发电路的核心部分为脉冲形成电路，其功能是产生具有一定功率（一定幅值与脉宽）的脉冲。常用的晶闸管触发电路的脉冲形成电路有单结晶体管自激振荡电路、单稳态触发电路和集成触发电路等。

为形成触发脉冲移相角的控制，触发电路中还应配有移相控制电路。

为了使触发脉冲零控制角与正弦主电路的波形严格对准，触发电路还应设置同步电路。最后为脉冲的功率放大部分。

1. 单结晶体管晶闸管触发电路

单结晶体管是一种只有一个 PN 结，但有三个电极的特殊晶体管，其结构如图 4-12 (a) 所示，它的三个电极分别为：发射极 e、第一基极 b_1、第二基极 b_2。单结晶体管的型号有 BT31、BT32、BT33、BT35 等。

图 4-12 (c) 所示的是单结晶体管的等效电路图。R_{b1} 为 e 和 b_1 极间电阻，R_{b2} 为 e 和 b_2 极间的电阻。两基极间电阻 $R_{bb}=R_{b1}+R_{b2}$。$\eta=R_{b1}/R_{b2}$ 称为分压比，η 一般在 0.3～0.8 之间。在两个基极电阻中，电阻 R_{b1} 特别有特色，其阻值会随发射极电流大小而变，I_E 上升，R_{b1} 下降，I_E 下降，则 R_{b1} 上升。即单结晶体管具有负阻特性，见图 4-13 (a)。所谓负阻特性，就是当发射极电流增加时，发射极电压 U_E 反而减小。

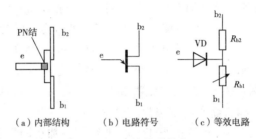

（a）内部结构　　　（b）电路符号　　　（c）等效电路

图 4-12　单结晶体管

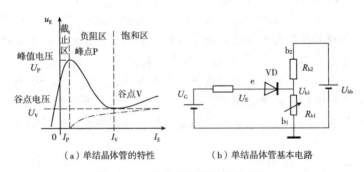

（a）单结晶体管的特性　　　　　（b）单结晶体管基本电路

图 4-13　单结晶体管的负阻特性

如果如图 4-13 所示那样，在两个基极 b_1、b_1 间施加电压 U_{bb}，在 e 和 b_1 之间施加可调电压 U_G，那么当 U_G 从 0 开始增加，但小于 ηU_{bb} 时，晶体管的 PN 结反偏，只有很小的反向电流；当 U_E 增加到大于 ηU_{bb} 与 PN 结导通电压之和后，PN 结将导通，P 区空穴注入 N 区，e、b_1 间电阻 R_{b1} 变小，于是 U_{b1} 减小，PN 结进一步正偏。显然，这是个正反馈过程，其结果就是使 U_{b1} 快速减小到近地位置。电流增大，电压反而变小，对于电流和电压的变化量来说，这是个负阻特性。ηU_{bb} 与 PN 结导通电压之和叫做单结晶体管的峰值电压 U_P。

使用单结晶体管可以很容易构成一个可发生尖脉冲的振荡器，其原理如图 4-14 所示。接通电源后，电源通过电阻 R_E 向电容 C 充电，电压 u_E 随着电容中电荷的积累逐渐上升，当上升到单结晶体管的峰值电压 U_P 之后，单结晶体管导通，电容经 R_{b1} 和 R_1 放电，其放电电流就在 R_1 上形成图所示的尖脉冲电压。当电压 u_E 降低到特性的谷点，且电容 C 放电完毕之后，单结晶体管又恢复到上电之初的阻断状态，然后再重复上述的充电、放电过程，每一个过程都向输出端输出一个尖脉冲。从脉冲的形状上看，这种脉冲基本符合晶闸管理想触发脉冲的形状。

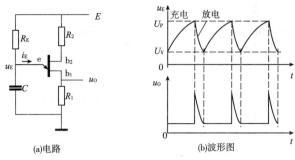

图 4-14 间歇振荡器电路原理图及其工作波形

为了能够使得上述的振荡器由正弦波的起点计时来发生脉冲，必须为振荡器配置一个同步电路。从同步电路的结构图中可以看到，这种电路就是一个梯形波发生电路，需要同步的交流电压经二极管桥式电路整流后，不经电容滤波就用稳压二极管将其波峰削掉，从而形成图 4-15（b）所示的梯形波电源并向振荡器供电，因这种梯形波在正弦波过零点时也为零，即相当于振荡器在按照正弦波的周期不断地重新上电，而每次上电之后振荡器所产生的第一个脉冲与正弦波零点之间的时间通过电容的充电时间来控制，即可以实现触发脉冲与正弦波的同步。

一个完整的晶闸管单结晶体管触发器的电路如图 4-15 所示。

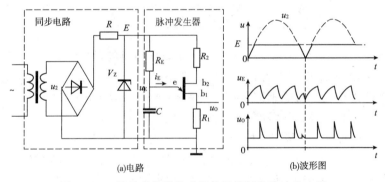

图 4-15 单结晶体管构成的晶闸管触发脉冲发生器

单结晶体管触发电路是以单结晶体管为核心配以相应的阻容元件而构成的一种触发电路，这种触发器脉冲前沿陡峭，抗干扰能力强，调整简单，工作也十分可靠。但其脉冲较窄，触发功率小，移相范围也较小，所以多用于 50A 及以下晶闸管电路中。

2. 晶闸管移相触发控制专用集成电路

自有晶闸管电路以来，晶闸管触发器就随着电路的应用不断发展，迄今为止，晶闸管的移相触发电路已从 20 世纪 60～70 年代的模拟分立器件，经 80 年代的模拟-数字集成电路，发展至现在的大规模集成电路和全数字化时代。

KJ004 便是我国在 1980 年前后开发生产的双列直插式晶闸管移相触发器集成电路。该电路适用于在单相、三相全控桥式晶闸管电力电子设备中作晶闸管的双路脉冲触发，是国内目前晶闸管控制系统中广泛采用的集成电路之一，它的引脚名称、功能及用法见表 4-5。

表 4 – 5 KJ004 引脚名称、功能及用法

号	符号	名称	功能和用法
1	P_+	同相脉冲输出端	接正脉冲导通晶闸管的脉冲功率放大器及脉冲变压器
2	NC	空端	使用中悬空
3	C_T	锯齿波电容连接端	通过电容连接到引脚 4
4	V_T	锯齿波电压输出端	通过电阻连接到移相综合端（引脚 9）
5	V_-	工作负电源输入端	接用户系统电源负端
6	NC	空端	使用中悬空
7	GND	地端	使用中接系统电源地端
8	V_T	同步电源输入端	通过电阻连接到同步变压器副边，电压幅值为 30V
9	V_Σ	移相综合输入端	通过三个电阻分别接锯齿波、偏置和移相电压
10	NC	空端	使用中悬空
11	V_P	方波脉冲输出端	该信号反映了移相脉冲的相位，使用时通过电容接 12 脚
12	V_w	脉宽信号输入端	使用中分别通过电阻和电容接正电源与 11 脚
13	V_{C-}	负脉冲调制及封锁控制端	通过输入信号对负输出脉冲进行调制或封锁
14	V_{C+}	正脉冲调制及封锁控制端	通过输入信号对正输出脉冲进行调制或封锁
15	P_-	反相脉冲输出端	接负脉冲导通晶闸管的脉冲功率放大器及脉冲变压器
16	V_{CC}	系统电源正端	接系统电源正端

KJ004 的典型应用电路如图 4 – 16（a）所示，各引脚波形如图 4 – 16（b）（P_8 即指引脚 8，余同）所示。其工作原理为：锯齿波的斜率决定于外接电阻 R_6、RP_1 流出的充电电流和积分电容 C_1 的取值，对于不同的移相控制电压 U_g，只要改变权电阻 R_1、R_2 的比例，调整相应的偏移电压 U_{PP}，同时调节锯齿波斜率电位器 RP_1，便可以在不同的移相控制电压时获得整个移相范围内的移相。KJ004 触发电路为正极性，即移相电压增加，导通角增大。图中 R_7 和 C_2 构成微分电路，改变 R_7 和 C_2 的值，可获得不同的脉宽输出。随着输入同步电压与引脚 8 之间串联电阻 R_4 取值的不同，其同步电压数值可取任意值。

KJ004 的主要设计特点包括：

（1）输出两路相位互差 180° 的移相脉冲，可以方便地构成全控桥式晶闸管触发器电路。

（2）输出负载能力大，移相性能好，正、负半周脉冲相位均衡性好。

（3）移相范围宽，对同步电压要求低，有脉冲列调制输出端等功能。

KJ004 的主要参数包括：

（1）工作电源电压：±15V。

（2）同步输入允许最大电流值：6mA。

（3）输出脉宽：$400\mu s \sim 2ms$。

（4）最大负载能力：100mA。

除了上述国产电路之外，国外一些产品也是实际中广泛采用的器件，比较典型的便是

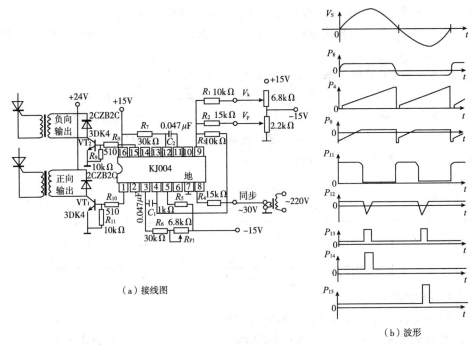

（a）接线图

（b）波形

图 4 - 16　KJ004 应用接线图

TCA785，它是德国西门子公司于 1988 年前后开发的第三代晶闸管单片移相触发器集成电路。其引脚排列与国产的 KJ785 完全相同，可以互换。与其他产品相比，TCA785 对同步信号零点的识别更加稳定可靠，输出脉冲的齐整度更好，移相范围更宽，且由于它的输出脉冲宽度可人为自由调节，所以适用范围较广。

TCA785 的主要参数如下。

（1）电源电压 U_s：+8V～18V 或 ±14V～9V。

（2）移相电压范围；0.2V～（U_s-2）V。

（3）输出脉冲最大宽度：180°。

（4）最高工作频率：10～500Hz。

（5）高电平脉冲负载电流：400mA。

（6）低电平允许最大灌电流：250mA。

（7）输出脉冲高、低电平幅值：U_s 和 0.3V。

（8）工作温度范围：军品为 -55～+125℃，工业品为 -25～+85℃，民用品为 0～ +70℃。

4.2.3　实验内容

（1）锯齿波同步触发电路的调试。

（2）锯齿波同步移相触发电路各点波形观察、分析。

4.2.4　实验挂箱

LY101、LY106、LY121、LY124。

4.2.5　实验步骤

（1）接好控制电路。

（2）接通电源，用示波器观察各观察各孔的电压波形（参考 LY106 单元面板图）。

1）同时观察 4、5、6 孔的波形，了解锯齿波的形成过程，RP1 可调节锯齿波斜率的变化。

2）观察 6、7、8 孔的波形，了解脉冲的形成过程。

（3）调节脉冲的移相范围，将控制电压 U_{ct} 调为零，调节偏置电压 U_P（RP2）使 $\alpha=$ 180°，再增加 U_{ct}，使 α 减小，当 $U_{ct}=U_{ctmax}$ 时，$\alpha=10°$，以满足移相范围的要求。

（4）调节 U_{ct}，使 $\alpha=60°$，观察并记录各观察孔的波形及输出"G、K"脉冲电压的波形，标出其幅值与宽度，并记录在表 4 - 6 中。

表 4 - 6　　　　　　　　　　　　　实 验 记 录

	U1	U2	U3	U4	U5	U6
幅值（V）						
宽度（ms）						

4.2.6　实验报告

（1）记录实验中各点波形的幅值和宽度。

（2）总结锯齿波同步移相触发电路移相范围的调试方法，如果要求在 $U_{ct}=0$ 的条件下，使 $\alpha=0°$，如何调整？

（3）讨论、分析试验中出现的各种现象。

4.3　单相桥式全控整流电路

4.3.1　实验目的

（1）加深对单相桥式全控整流电路不同负载下的工作情况的理解。

（2）对实验出现的问题加以分析和排除。

4.3.2　实验原理

单相桥式整流电路如图 4 - 17 所示。如果电路中的 4 个整流器件均使用了晶闸管，那么这种电路就叫做单相桥式全控整流电路，反之，如果 4 个整流器件有两个为晶闸管，两个为二极管，那么这种电路就叫做半控整流电路。由于后者较少应用，因此本书只介绍全控整流电路。

1. 带电阻负载的单相桥式全控整流电路

电阻负载的单相桥式全控整流电路如图 4 - 17（a）所示。

晶闸管 VR_1、VR_2 和 VR_3、VR_4 分别组成了桥的两个桥臂，在交流电压 u_2 的正半周，当 4 个晶闸管均没有触发脉冲时，它们都不导通，负载电流 i_d 和负载电压 u_d 均为零，这时 VR_1 和 VR_4 串联承受电压 u_2，如果两个晶闸管的漏电阻相等，那么它们各承受 u_2 的二分之一。

当在相角为 α 处给 VR_1 和 VR_4 同时施加触发脉冲，则它们会因同时承受正向电压而立即导通，这时电流从电源 a 端经 $VR_1 \rightarrow R \rightarrow VR_4$ 流回电源 b 端。当 u_2 过零向负方向变化时，晶闸管 VR_1 和 VR_4 会因其承受反向电压而关断。与上述过程类似，在交流电压 u_2 的负半周，如果仍在相角 α 处为 VR_2 和 VR_3 同时施加触发脉冲而使这两个晶闸管导通，那么电流将会从电源 b 端经 $VR_3 \rightarrow R \rightarrow VR_2$ 流回电源 a 端。到 u_2 过零时，晶闸管 VR_2 和 VR_3 关断。如果此后又去触发 VR_1 和 VR_4，并周而复始地循环重复上述过程，那么整流电压 u_d 和晶闸管 VR_1 和 VR_4 两端电压波形分别如图 4-17（b）、（c）所示。

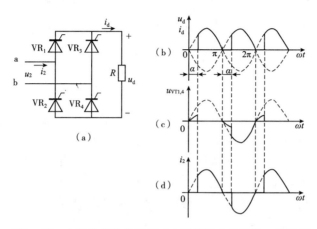

图4-17 电阻负载的单相桥式全控整流电路及其工作波形

晶闸管未导通时承受的正向电压为 $\frac{\sqrt{2}}{2}U_2$，而在一对晶闸管导通后，另一对晶闸管所承受的反向电压为 $\sqrt{2}U_2$。

由于在交流的正负半周都有整流电流流过负载，因而这种电路叫做全波整流电路。整流输出电压的平均值 U_d 为

$$U_d = \frac{1}{\pi}\int_\alpha^\pi \sqrt{2}U_2 \sin\omega t \, \mathrm{d}(\omega t) = \frac{2\sqrt{2}U_2}{\pi} \frac{1+\cos\alpha}{2} = 0.9\frac{1+\cos\alpha}{2}$$

向负载输出的直流电流平均值 I_d 为

$$I_d = \frac{U_d}{R} = \frac{2\sqrt{2}U_2}{\pi R} \frac{1+\cos\alpha}{2} = 0.9\frac{U_2}{R}\frac{1+\cos\alpha}{2}$$

由 U_d 的表达式可知，当触发角 $\alpha = 0°$ 时，负载平均电压 $U_d = 0.9U_2$，当 $\alpha = 180°$ 时，$U_d = 0$。这说明，在电阻负载的单相桥式整流电路中，晶闸管控制角的可移相范围为 $180°$。

因在桥式整流电路中，负载的电流由两个桥臂轮流供电，故每个桥臂的电流平均值应负载平均电流的一半，这也是桥臂上串联的两个晶闸管的电流 I_{DVR}，即

$$I_{DVR} = \frac{1}{2}I_d = 0.45\frac{U_2}{R}\frac{1+\cos\alpha}{2}$$

流过晶闸管的电流有效值为

$$I_{VR} = \sqrt{\frac{1}{2\pi}\int_\alpha^\pi \left(\frac{\sqrt{2}U_2}{R}\sin\omega t\right)^2 \mathrm{d}(\omega t)}I_d = \frac{U_2}{\sqrt{2}R}\sqrt{\frac{1}{2\pi}\sin 2\alpha + \frac{\pi-\alpha}{\pi}}$$

在设计整流电路时，上式对于选择晶闸管、变压器容量、导线截面积等参数具有重要意义。

变压器二次电流有效值 I_2 与输出直流电流有效值 I 相等，为：

$$I = I_2 = \sqrt{\frac{1}{\pi} \int_\alpha^\pi \left(\frac{\sqrt{2}U_2}{R} \sin\omega t\right)^2 \mathrm{d}(\omega t)} I_\mathrm{d} = \frac{U_2}{R} \sqrt{\frac{1}{2\pi} \sin2\alpha + \frac{\pi-\alpha}{\pi}}$$

由上面两式可得

$$I_\mathrm{VR} = \frac{1}{\sqrt{2}} I$$

在不考虑变压器损耗时，要求整流变压器的容量应为

$$S = U_2 I_2$$

在全波整流电路中，在交流电压 u_2 的一个周期内整流电压波形脉动 2 次，多于半波整流电路的 1 次，属于双脉波整流电路。变压器二次绕组中正负两个半周电流方向相反大小相等，直流分量为零，不存在变压器铁芯直流磁化问题，绕组的利用率较高。

2. 带感性负载的单相桥式全控整流电路

带有感性负载单相桥式全控整流电路如图 4-18（a）所示。

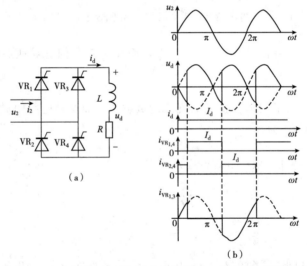

图 4-18　感性负载单相桥式全控整流电路及其工作波形

为了方便电路的分析，现假设电路已完成暂态过程而处于稳态。

如果在电源电压 u_2 正半周，触发角为 α 时为晶闸管 VR₁ 和 VR₄ 施加触发脉冲而使其开通，那么输出电压 $u_\mathrm{d} = u_2$。其后，在 u_2 过零变成负值后，晶闸管会因负载中电感的磁能释放电流而继续导通，但不影响 VR₂ 和 VR₃ 承受正向电压，如果在 $\omega t = \pi + \alpha$ 时刻给它们施加触发脉冲使之导通，那么电源电压 u_2 会通过导通的 VR₂ 和 VR₃ 分别施加反向电压而使 VR₁ 和 VR₄ 关断，从而使原来流经 VR₁ 和 VR₄ 的尚未释放完毕的磁能释放电流迅速转移到 VR₂ 和 VR₃ 上，此过程称作换相，也称换流。如果电路如上述情况那样重复循环下去，电路的工作波形如图 4-18（b）所示。为了简单，图中认为电路负载中电感分量较大，从而使整流电路输出电流近似连续，且为一个不变化的常量，即其波形为一水平线。

根据波形图，可求得整流电路输出电压 u_d 的平均值为

$$U_d = \frac{1}{\pi} \int_\alpha^{\pi+\alpha} \sqrt{2}U_2 \sin\omega t \, \mathrm{d}(\omega t) = \frac{2\sqrt{2}U_2}{\pi}\cos\alpha = 0.9\cos\alpha$$

由上面 U_d 的表达式可知，当 $\alpha=0$ 时，$U_d=0.9U_2$；$\alpha=90°$ 时，$U_d=0$。即控制角的移相范围为 $90°$。

带感性负载单相桥式全控整流电路晶闸管承受的最大正反向电压均为 $\sqrt{2}U_2$。

晶闸管的导通角 θ 与控制角 α 无关，均为 $180°$，其电流平均值和有效值分别为

$$I_{DVR} = \frac{1}{2}I_d \text{ 和 } I_{VR} = \frac{1}{\sqrt{2}}I_d = 0.707I_d$$

整流电源变压器二次电流 i_2 为宽度正负各 $180°$ 的矩形波，其相位由控制角 α 决定，有效值 $I_2=I_d$。

4.3.3 实验内容

（1）单相桥式全控整流电路带电阻负载实验。

（2）单相桥式全控整流电路带阻感负载实验。

（3）单相桥式全控整流电路串大电感反电势负载实验。

4.3.4 实验挂箱及仪器

LY101、LY106、LY121-LY124、电阻箱。

4.3.5 实验步骤

（1）先按图 4-19 接好控制回路，观察触发脉冲及移相是否正确。当 LY106 中 $U_{ct}=$ 0V 时，用示波器观察 U_{std} 与 9 号端子输出脉冲，则触发脉冲应停在 $180°$ 处左右，若不是可调整 RP2。

（2）当给定电压增加 $U_{ct}>0V$，则随着给定增加 9 号端子脉冲将不断前移，直至 $\alpha=0°\sim10°$ 左右，记下此时 U_{ctm} 值。

（3）按图 4-20（a）且将 G1K1～G4K4 接到 I 组桥所选的四个管子，断开原来的示波器所有接线（包括地端），以观察主回路整流输出波形，注意电阻 R 不宜小于 100Ω，用万用表测得不同 α 时 U_d 值是否与理论值相符。

（4）在负载回路串入电感 1 和电感 2，电感 1 和电感 2 串联，电感为 600mH，电阻不小于

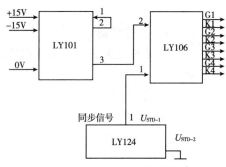

图 4-19 控制回路接线图

100Ω，电阻在 100Ω 到 150Ω 内调节，保证电流不超过 1.5A。观察其主回路波形，并观察 $U_d=0V$，α 角最小应在什么位置，改变 α 角，用万用表测得相应整流电压值，是否与理论值相符。

（5）在主回路串入电感 3（电感为 300mH），必须为电感 3，串入直流电机电枢，直流电机励磁为 180V 额定励磁。将电阻箱滑向较小位置 $R=20\Omega$ 左右，改变 α 角，启动后，将 $R\rightarrow0\Omega$，观察运行情况，如图 4-20（b）。

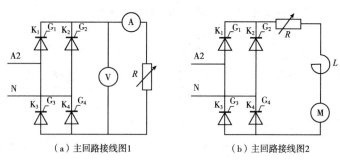

（a）主回路接线图1　　　　（b）主回路接线图2

图 4-20　主回路接线图

4.3.6　实验报告

（1）画出 $\alpha = 60°$、$90°$、$120°$时的整流输出电压 U_d 和晶闸管两端电压 U_{VR} 的波形，相关数据记录见表 4-7。

表 4-7　　　　　　　　　　　　相　关　记　录

α	30°	60°	90°	120°
U_2				
U_d（记录值）				
U_d（计算值）				

（2）画出电路的移相特性 $U_d = f(\alpha)$ 的曲线

4.4　三相半波整流电路

4.4.1　实验目的

（1）加深对三相半波整流电路电阻性负载，电阻电感性负载、反电势负载时工作情况的理解。

（2）对实验出现的问题加以分析和排除。

4.4.2　实验原理

三相半波相控整流电路，其电路结构如图 4-21 所示。

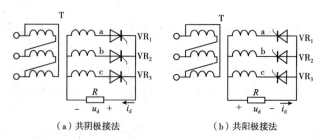

（a）共阴极接法　　　　　（b）共阳极接法

图 4-21　三相半波可控整流电路及其工作波形图

自然换相点相当于相电压过横轴点，所以三相半波相控整流电路触发控制角 α 的计算起点就是这些自然换相点。

1. 纯电阻负载时的工作状态

纯电阻负载三相半波可控整流电路结构如图 4 – 21（a）所示。控制角 α 为 30°时该电路的工作波形如图 4 – 22 所示。

可见，α 为 30°是该电路输出电压波形连续的最大控制角，根据图 4 – 22 中的 u_d 波形可以得出 $\alpha \leqslant 30°$ 时三相相控半波整流电路的输出直流电压 U_d 与控制角 α 的关系如下

$$U_d = \frac{3}{2\pi} \int_{\frac{\pi}{6}+\alpha}^{\frac{5\pi}{6}+\alpha} \sqrt{2}U \sin\omega t \, d(\omega t) = 1.17 U \cos\alpha$$

如果控制角大于 30°，因晶闸管的导通相位已小于两个相邻相晶闸管的触发脉冲间隔（120°），在后相晶闸管触发脉冲尚未到来时前相晶闸管已经因电压变负而截止，故负载电压的波形将不连续。触发角大于 30°时输出电压的波形如图 4 – 23 所示。

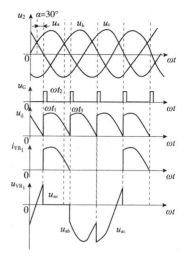

图 4 – 22　电阻负载三相半波可控整流电路 $\alpha = 30°$时的工作波形

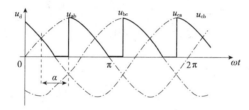

图 4 – 23　电阻负载三相半波整流电路大控制角时的输出电压波形

如果将控制角大于 30°的工作状态叫做大控制角状态，那么根据图 4 – 23 可求出这种工作状态的输出电压平均值 U_d 与 α 的关系为

$$U_d = \frac{3}{2\pi} \int_{\frac{\pi}{6}+\alpha}^{\pi} \sqrt{2}U \sin\omega t \, d(\omega t) = 0.675 U \left[1 + \cos\left(\frac{\pi}{6} + \alpha\right) \right]$$

2. 电感性负载时的工作状态

当 $\alpha \leqslant 30°$时，电路输出电压与纯电阻负载时完全相同。

当 $\alpha > 30°$时，因电流连续且未改换方向，故每相晶闸管都会在其被触发后 120°内导通，直至下一个晶闸管被触发导通，即当负载中含有大电感时，电路输出的电压 u_d 中将会出现负值。

电感性负载时，电路输出电压 u_d 的波形如图 4 – 24 所示。

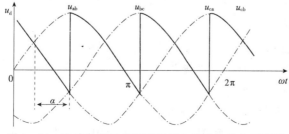

图 4 – 24　电感负载三相半波整流电路的输出电压波形

55

由波形图 4 - 24 可求出 U_d 与 α 的关系为

$$U_d = \frac{3}{2\pi} \int_{\frac{\pi}{6}+\alpha}^{\frac{5\pi}{6}+\alpha} \sqrt{2} U_2 \sin\omega t \, d(\omega t) = 1.17 U_2 \cos\alpha$$

三相半波相控整流电路 U_d/U_2 与 α 之间的关系如图 4 - 25 所示。

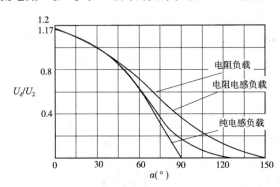

图 4 - 25   三相半波相控整流电路 U_d/U_2 与 α 之间的关系

如果负载的时间常数足够大，将 i_d 视为直流，流过晶闸管的电流 i_{VR} 为方波，每一电源周期各晶闸管导通一次，所以 i_{VR} 的周期为 2π，幅度为 I_d，一个电源周期中三个晶闸管均匀地交替导通，故 i_{VR} 的脉冲宽度为 $2\pi/3$，因此晶闸管电流有效值 I_{VR} 为

$$I_{VR} = \sqrt{\frac{1}{3}} I_d$$

半波电路晶闸管的电流和电源的线电流是一致的，即 $i = i_{VR}$，电源的视在功率 S 为各相电压和电流有效值的乘积，由于电源是对称的，S 表示为

$$S = 3UI = 3UI_{VR}$$

如果是变压器供电，对电源变压器视在功率（容量）的计算还要考虑更多的因素，因为变压器的次级电流 $i = i_{VR}$，其中含有直流成分 I_{VRd}，而直流成分是不能耦合到初级的，初级电流 i_1 与 i 不是简单的变比关系。下面进行分析。设变压器初级电压和电流有效值为 U_1 和 I_1，次级电压和电流有效值为 U 和 I，初级视在功率为 S_1，次级视在功率为 S_2，变压器变比为 K，即 $U_1 = KU$。由前面分析知 $S_2 = 3UI_{VR} = \sqrt{3} \, UI_d$。$S_1 = 3U_1 I_1 = 3(KU)(I_{VRa}/K)$。其中 I_{VRa} 为变压器次级（即晶闸管）电流中的交流成分。次级电流 I_{VR}、其中直流成分 I_{VRd}、交流成分 I_{VRa} 之间的关系为

$$I_{VR} = \sqrt{I_{VRa}^2 + I_{VRd}^2}$$

由于 i_{VR} 是占空比为 $\frac{1}{3}$ 的方波，可方便地计算出其直流成分 I_{VRd}，$I_{VRd} = \dfrac{I_d}{3}$。

4.4.3   实验内容

（1）三相半波整流电路电阻性负载实验。

（2）三相半波整流电路电感性负载实验。

（3）三相半波整流电路串电感反电势负载实验。

4.4.4   实验挂箱及仪器

LY101、LY105、LY121-LY124、150Ω1.5A 电阻、万用表、双踪示波器。

4.4.5 实验步骤

（1）先按图 4-26 接好控制回路，观察触发脉冲及移相是否正确。当 $U_{ct}=0V$ 时，用示波器观察 U_a 及 $1^\#$ 脉冲 $\alpha=150°$。如不对，调整偏置电压 U_p 电位器。

（2）当增加给定电压 U_{ct}，则脉冲将前移，应能停在 $\alpha=30°$ 处。

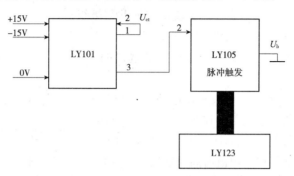

图 4-26　控制回路接线图

（3）按图 4-27 接好主回路，负载电阻停在大于 100Ω 处，启动主回路，记录在不同 α 角时的 U_d 值及波形，并与理论值及波形比较。

（4）大电感电阻负载，在负载回路串上电感 1 和电感 2，电感 1 和电感 2 串联，电感为 $600mH$，电阻不小于 140Ω，电阻在 140Ω 到 150Ω 之间变化，保证电流在 $0A$ 到 $1.5A$ 内变化，开启主回路，记录在不同 α 角时的 U_d 值及波形与理论值比较。

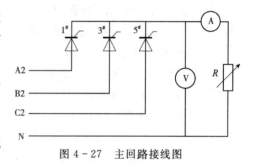

图 4-27　主回路接线图

（5）在主回路串上电感 3，电感为 $300mH$，去除电阻负载，以大电感与直流电机为负载，观察和记录在不同 α 角时的 U_d 值及波形。

4.4.6 实验报告

（1）在不同负载情况下，观察和记录在不同 α 角时的 U_d 值及波形。

（2）绘出当 $\alpha=80°$ 时，整流电路供电给电阻性负载、电阻电感性负载时的 U_d、I_d 的波形，并进行讨论。

（3）讨论并分析实验中出现的问题。

4.5　三相桥式全控整流电路

4.5.1 实验目的

（1）了解三相桥式全控整流电路的工作原理。

（2）熟悉三相桥式全控整流电路的接线、器件和保护情况。

（3）明确对触发脉冲的要求。

（4）研究电阻负载、阻感负载时电路的工作特点。

（5）观察变压器漏感对整流电路的影响。

（6）观察交流侧某电流波形并作频谱分析。

（7）对实验出现的问题加以分析和排除。

4.5.2 实验原理

三相全控桥式整流电路接线图如图 4 - 28 所示，该电路由 6 个晶闸管组成，其中 VR_1、VR_3、VR_5 的阴极连接在了一起，组成了桥式整流电路的共阴极组，VR_2、VR_4、VR_6 的阳极连接在了一起，组成桥式整流电路的共阳极组。

共阴极组的阴极为整流电路输出电压的正极，共阳极组的阳极为整流电路的负极。在整流电路的输出的正极和负极之间接电路的负载。

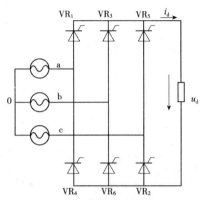

从图中可以看出，在三相桥式整流电路中，作为整流电路电源的三相电源无论是星形连接还是三角形连接，电路负载得到的均是线电压，并且三个线电压段分别连接在一对共阳极组晶闸管和共阴极组晶闸管的连接点处。

在整流电路的工作过程中，电路中必须有一对分属于不同桥臂的共阳极组晶闸管和共阴极组晶闸管同时导通，整流电路才能形成电流通路。而且按照图所给出的晶闸管的编号，电路中 6 个晶闸管的触发导通顺序是 $VR_1 \rightarrow VR_2 \rightarrow VR_3 \rightarrow VR_4 \rightarrow VR_5 \rightarrow VR_6 \rightarrow VR_1$。

图 4 - 28 三相桥式全控整流电路

在学习二极管三相整流电路时知道，与单相桥式整流电路不同，单相桥式整流在每个周期其直流侧输出两个正弦半波，而三相桥式整流电路则会在每个周期输出有 6 个正弦半波，如图 4 - 29 所示。这样，由于晶闸管在轮流导通时的交接时机为图中所示的自然换向点（即线电压的交点，如果三相交流电源的 ab 端的线电压表达式为 $u_{ab} = \sqrt{6}U_2 \sin\omega t$，则三相桥式整流电路的自然换相点分别在 $\omega t = 0$、$\frac{\pi}{3}$、$\frac{2\pi}{3}$、π、$\frac{4\pi}{3}$、$\frac{5\pi}{3}$、2π 处），那么这些自然换向便是晶闸管相位控制的起点。例如，如果控制角为 α，那么就应该在 $\omega t = \frac{\pi}{3} + \alpha$ 时触发 VR_1，那么就应该在 $\omega t = \frac{2\pi}{3} + \alpha$ 时触发 VR_2，在 $\omega t = \pi + \alpha$ 时触发 VR_3，以下类推。

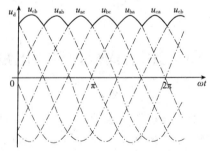

图 4 - 29 纯电阻负载三相全控桥式整流电路的自然换相点

1. 纯电阻负载

在 $\omega t = \frac{\pi}{3} + \alpha$ 时触发 VR_1，假如电路已进入了稳定工作状态，按照晶闸管的触发导通顺序，在此之前电路中已有 VR₅、VR₆ 导通，VR₆ 的导通使得 VR₁ 承受电源线电压 u_{ab}，此时 $u_{ab}>0$，为 VR₁ 的触发导通做好了准备，VR₁ 一旦得到触发脉冲即转入导通状态。VR₁ 的导通又使 VR₅ 承受电压 u_{ca}，此时 $u_{ca}<0$，VR₅ 受到反压而关断，此过程为 VR₁、VR₅ 换相。换相后电路中 VR₁、VR₆ 导通，负载输出电压 $u_d=u_{ab}$，这一状态持续 $\pi/3$，在 $\omega t=\dfrac{2\pi}{3}+\alpha$ 时触发 VR₂，VR₆ 的导通使 VR₂ 承受电压 u_{cb}，在 $\omega t=\dfrac{2\pi}{3}$ 后 $u_{cb}>0$，VR₂ 一旦得到触发脉冲则可以导通，VR₂ 导通使 VR₆ 因承受电压 $u_{cb}<0$ 而关断，此后电路中 VR₁、VR₂ 导通，负载输出电压 $u_d=u_{ac}$，再经过 $\dfrac{\pi}{3}$，到 $\omega t=\pi+\alpha$ 时触发 VR₃，VR₃ 和 VR₁ 换相，电路中 VR₃、VR₂ 导通，负载电压变成 u_{bc}。每间隔 $\dfrac{\pi}{3}$ 电路换相一次，一个电源周期中共换相 6 次，晶闸管的导通编号为：VR₁—VR₆、VR₁—VR₂、VR₃—VR₂、VR₃—VR₄、VR₅—VR₄、VR₅—VR₆、VR₁—VR₆。负载电压为 u_{ab}、u_{ac}、u_{bc}、u_{ba}、u_{ca}、u_{cb}。控制角 $\alpha=30°$ 时，纯电阻负载三相全控桥整流电路输出电压波形如图 4-30。

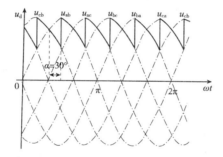

图 4-30　纯电阻负载三相全控桥式整流电路输出电压波形

根据波形可求出负载电压 U_d 与控制角 α 的关系为

$$U_d=\frac{3}{\pi}\int_{\pi/3+\alpha}^{2\pi/3+\alpha}\sqrt{6}U_2\sin\omega t\,\mathrm{d}(\omega t)=2.34U_2\cos\alpha$$

晶闸管两端的电压用以下方法确定，当它本身导通时，两端电压为零；当晶闸管不导通时，它承受线电压。对于共阴极组的晶闸管，其阳极接在某一固定相电压上，与它共组的另一晶闸管导通又将另一相电压加在它的阴极。例如 VR₁，阳极接在 a 相，当 VR₃ 导通时将 b 相电压加在它的阴极，使它承受电压 u_{ab}；VR₅ 导通时承受电压 u_{ac}。对于共阳极组的晶闸管，阴极接在固定的相电压上，与它共组的其他晶闸管导通时将相应的相电压加在它的阴极，使它承受线电压。例如 VR₄，它的阴极接在 a 相上，当 VR₂ 导通时，将 c 相电压加在它的阳极，此时 $u_{VR4}=u_{ca}$；VR₆ 导通时又将 b 相电压加在它的阳极，此时 $u_{VR4}=u_{ba}$。各晶闸管的电压波形是相同的，但相位互差 60°。u_{VR1} 的波形如图 4-31。由晶闸管电压波形图可看出，晶闸管可能承受的最大电压瞬时值为线电压的幅值。

与单相电路类似，三相桥式电路在控制角较大时也会出现负载电压断续，但连续和断续的分界点在 $\alpha=\pi/3$。下面分析电流断续时的工作过程。如果 $\alpha=\pi/3$，在触发 VR₁ 时 $\omega t=2\pi/3$，先于 VR₁ 导通的两个晶闸管为 VR₅ 和 VR₆，维持 VR₅、VR₆ 导通的条件是 $u_{cb}>0$，但在 $\omega t=120°$ 时 u_{cb} 的正半周结束，VR₅、VR₆ 随即关断，此后的一段时间整个电路 6

个晶闸管均处于阻断状态。在触发 VR_1 时，由于先于它导通的 VR_6 已经关断，而电路中必须有两个晶闸管同时导通才能形成回路，所以必须同时向 VR_6 补发一个脉冲，使 VR_1、VR_6 同时开通。

VR_1、VR_6 导通后 $u_d = u_{ab}$，到 $\omega t = 180°$ 时 u_{ab} 的正半周结束，VR_1、VR_6 关断，$u_d = 0$。在向 VR_1 发触发脉冲后 $\pi/3$，应向 VR_2 发触发脉冲，同时应向 VR_1 补发一个脉冲，使 VR_1、VR_2 导通，$u_d = u_{ac}$，在 $\omega t = 4\pi/3$ 时维持 VR_1、VR_2 导通的 u_{ac} 正半周结束，VR_1、VR_2 关断，u_d 再度为 0。

此后每隔 $60°$ 向一对晶闸管发脉冲，这一对晶闸管导通一定角度（小于 $\pi/3$）因电源线电压过零变负而关断。$\alpha > \pi/3$ 时负载电压的波形如图 4 - 32。由图求出负载电压直流成分与 α 的关系为

$$U_d = \frac{3}{\pi} \int_{\pi/3+\alpha}^{\pi} \sqrt{6}\sin\omega t\, \mathrm{d}(\omega t) = 2.34U\left[1 + \cos\left(\frac{\pi}{3} + \alpha\right)\right]$$

由式可看出，随 α 的增大 U_d 减小，当 $\alpha = 2\pi/3$ 时，U_d 减小到 0，所以 α 角的移相范围是 0 到 $2\pi/3$。

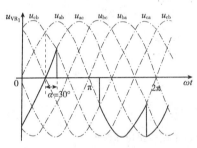

图 4 - 31　纯电阻负载三相全控桥式
整流电路 VR_1 承受电压波形

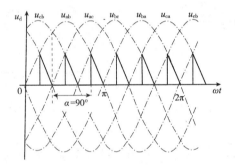

图 4 - 32　纯电阻负载三相全控桥式
整流电路当 $\alpha = 90°$ 时输出电压波形

在负载电压断续时晶闸管承受电压的情况比较复杂。除晶闸管自身导通其两端电压为 0；与之同组的其他晶闸管导通使其承受相应的线电压这两种情况之外，当全电路 6 个晶闸管均不导通时，同属于一组的三个晶闸管可等效为三个星型连接的大电阻，由于参数相等，其星型中心点的电位为零，因此各晶闸管此时承受各自的相电压。

2. 电感性负载

通过前面对带电感性负载的电路的分析已经知道，电感的影响主要表现在两个方面：一是在电源电压过零变负时，电感的感应电动势使晶闸管继续导通；其二是使负载电流波动减小。下面分析电感性负载在 $\alpha > \pi/3$ 电路的工作情况。在 $\omega t = \pi/3 + \alpha$ 时向 VR_1 发触发脉冲，VR_1、VR_6 导通，$u_d = u_{ab}$。到 $\omega t = \pi$ 时，电源电压 u_{ab} 过零变负，由于控制角较大，此时发向 VR_2 的触发脉冲尚未到来，在电感电动势的作用下，VR_1、VR_6 继续导通，$u_d = u_{ab} < 0$。到 $\omega t = 2\pi/3 + \alpha$ 时触发 VR_2，VR_2 和 VR_6 换相，此后电路中 VR_1、VR_2 导通，$u_d = u_{ac}$。然后每隔 $\pi/3$ 按顺序向一个晶闸管发脉冲一次，电路中出现一次换相，负载电压也随之改变一次。感性负载三相全控桥式整流电路输出电压波形如图 4 - 33 所示。

电路中任何瞬间总有两个晶闸管同时导通，负载电压波形连续，每个晶闸管在电源的

一个周期中导通 $2\pi/3$。晶闸管电压波形如图 4-34 所示。

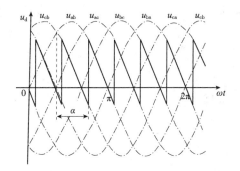

图 4-33　感性负载三相全控桥式
整流电路输出电压波形

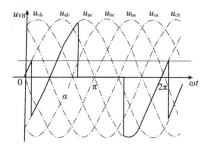

图 4-34　感性负载三相全控桥式
整流电路晶闸管电压波形

根据波形图 4-34，可求出 U_d 与 α 的关系为

$$U_d = \frac{3}{\pi} \int_{\pi/3+\alpha}^{2\pi/3+\alpha} \sqrt{6} U_2 \sin\omega t \, \mathrm{d}(\omega t) = 2.34 U_2 \cos\alpha$$

如果负载的时间常数 τ 足够大，负载电流可视为直流，$i_d = I_d = I_o$，流过晶闸管的电流 i_{VR} 为矩形波，周期为 2π，幅度为 I_d，脉冲宽度 I_d 为 $2\pi/3$。晶闸管的电流有效值 I_{VR} 为

$$I_{VR} = \frac{1}{\sqrt{3}} I_d$$

各晶闸管的电流波形一致，互差 $2\pi/3$。交流电源的每一相都接一个晶闸管的阳极和一个晶闸管的阴极，其电流为两晶闸管电流的代数和，可得出电源相电流有效值 I 为

$$I = \sqrt{\frac{2}{3}} I_d$$

目前，大多数相控整流器都通过一个交流变压器从电网获得交流电，由于变压器的副边绕组存在着漏感，而漏感对电流变化具有阻滞作用，所以当晶闸管电流换相时因其电流不能瞬变，而会导致晶闸管的关断会延迟一段时间，进而使得电路出现了两个晶闸管同时导通的现象。

下面以三相半波整流电路为例，对变压器漏感对整流电路工作的影响进行分析：

如图 4-35 所示，如果考虑到变压器的漏感，那么在整流电路共阳极组或共阴极组的晶闸管组中的每个晶闸管回路中就多出了一个等效电感 L_B。

以 VR_1 向 VR_2 的换相为例，因 a、b 两相均有漏感，故两晶闸管中的电流 i_a、i_b 均不能突变，故而 VR_1 和 VR_2 在换相瞬间同时导通，其结果是 a、b 两相短路并一方面在两相组成的回路中产生环流 i_k，一方面降低了换相期间的直流输出电压。

从图 4-35 可知，其换相过程为：从换相瞬间开始，$i_k = i_b$ 并逐渐增大，而 $i_a = I_d - i_k$ 逐渐减小，当 i_k 增大到等于 I_d 时，$i_a = 0$，VR_1 关断，换相及换流过程结束。图中，换相过程所占的电角度 γ 叫做换相重叠角，它表示了换相过程的持续时间。

在换相过程中，整流电压 u_d 为同时导通的两个晶闸管所对应的两个相电压的平均值。

$$u_d = u_a + L_B \frac{\mathrm{d}i_k}{\mathrm{d}t} = u_b - L_B \frac{\mathrm{d}i_k}{\mathrm{d}t} = \frac{u_a + u_b}{2}$$

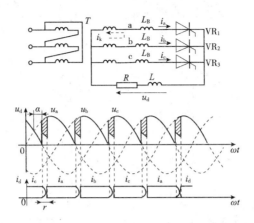

图 4 - 35 考虑变压器漏感影响的三相半波相控整流电路工作波形

可见，考虑了变压器漏抗的影响后，整流器输出电压 u_d 的平均值将会有所降低，其值为

$$\Delta U_d = \frac{1}{2\pi/3} \int_{\frac{5}{6}\pi+\alpha}^{\frac{5}{6}\pi+\alpha+\gamma} (u_b - u_d) \mathrm{d}(\omega t) = \frac{3}{2\pi} \int_{\frac{5}{6}\pi+\alpha}^{\frac{5}{6}\pi+\alpha+\gamma} \left[u_b - \left(u_b - L_B \frac{\mathrm{d}i_k}{\mathrm{d}t} \right) \right] \mathrm{d}(\omega t)$$

$$= \frac{3}{2\pi} \int_{\frac{5}{6}\pi+\alpha}^{\frac{5}{6}\pi+\alpha+\gamma} L_B \frac{\mathrm{d}i_k}{\mathrm{d}t} \mathrm{d}(\omega t) = \frac{3}{2\pi} \int_0^{I_d} \omega L_B \mathrm{d}(\omega t)$$

$$= \frac{3}{2\pi} X_B L_B$$

其中，换相重叠角 γ 的计算方法为

因

$$\frac{\mathrm{d}i_k}{\mathrm{d}t} = \frac{u_b - u_a}{2L_B} = \frac{\sqrt{6}U_2 \sin\left(\omega t - \frac{5\pi}{6}\right)}{2L_B}$$

由上式得

$$i_k = \int_{\frac{5}{6}\pi+\alpha}^{\omega t} \frac{\sqrt{6}U_2}{2X_B} \sin\left(\omega t - \frac{5\pi}{6}\right) \mathrm{d}(\omega t) = \frac{\sqrt{6}U_2}{2X_B} \left[\cos\alpha - \cos\left(\omega t - \frac{5\pi}{6}\right) \right]$$

进而得出

$$I_d = \frac{\sqrt{6}U_2}{2X_B} [\cos\alpha - \cos(\alpha + \gamma)]$$

当 $\omega t = \alpha + \gamma$ 时，$i_k = I_d$，于是

$$\cos\alpha - \cos(\alpha + \gamma) = \frac{2X_B I_d}{\sqrt{6}U_2}$$

可见，γ 随着 I_d 和 X_B 变大而变大；当 $\alpha \leqslant 90°$ 时，α 越小 γ 越大。

变压器漏抗对整流电路的影响主要体现在以下几个方面。

(1) 出现换相重叠角 γ，整流输出电压平均值 U_d 降低。

(2) 整流电路的工作状态增多。

(3) 晶闸管的 $\mathrm{d}i/\mathrm{d}t$ 减小，有利于晶闸管的安全开通，故为抑制晶闸管的 $\mathrm{d}i/\mathrm{d}t$，有时

人为为晶闸管串入进线电抗器。

（4）换相时晶闸管电压出现缺口，产生正的 du/dt，可能使晶闸管误导通，为此必须为晶闸管增加吸收电路。

（5）导致电网电压出现缺口而含有高次谐波，使整流器成为了其他电子设备的干扰源。

4.5.3　实验内容

（1）三相桥式整流电路电阻性负载实验。

（2）三相桥式整流电路电感性负载实验。

（3）三相桥式整流电路串电感反电势负载实验。

4.5.4　实验挂箱及仪器

LY101、LY105、LY121～LY124、150Ω　1.5A 电阻、万用表、双踪示波器、电流钳。

4.5.5　实验步骤

（1）先按图 4-36 接好控制回路，观察触发脉冲及移相是否正确。当 $U_{ct}=0V$ 时，用示波器观察 U_a 及双脉冲观察测试口"1"的波形，确认 $\alpha=120°$。如不对，调整偏置电压 U_p 电位器。

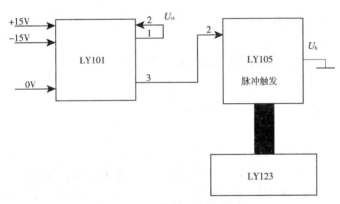

图 4-36　控制回路接线图

（2）当增加给定电压 U_{ct}，则脉冲将前移，应停在 $\alpha=30°$ 处。

（3）按图 4-37 接好主回路，负载电阻停在 150Ω 处，启动主回路，记录在不同 α 角时的 U_d 值及波形与理论值比较。

（4）大电感电阻负载，在负载回路串上电感 1 和电感 2，并连续流二极管，电感 1 和电感 2 串联，电感为 600mH，电阻不小于 100Ω，电阻在 100Ω 到 150Ω 变化，保证电流在 1.5A 以内变化。开启主回路，记录在不同 α 角时的 U_d 值及波形与理论值比较。

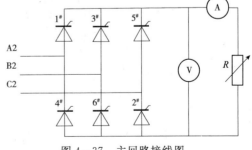

图 4-37　主回路接线图

（5）用电流钳测量交流侧某相输出电流波形，并用 FFT 分析功能进行谐波分析。

（6）去除电阻负载，在主回路串上电感 3，电感为 300mH，串上直流电机电枢，以大电感与直流电机为负载，观察和记录在不同 α 角时的 U_d 值及波形。

4.5.6 实验报告

（1）记录双脉冲 1、2、3、4、5、6 孔的脉冲相互位置。

（2）记录实验步骤（3）、（4）中相应的整流输出电压波形及相应的 U_d 值。

（3）将测量值与理论值进行比较。

（4）将测量波形与理论波形进行分析比较。

（5）观察并分析变压器漏感对整流电路输出电压波形的影响。

（6）讨论并分析实验中出现的问题。

4.5.7 思考题

（1）为什么要选择双脉冲触发信号？

（2）分析变压器漏感对整流电路的影响。

（3）三相全控整流桥交流侧电流所含的谐波次数。

4.6 单相交流调压电路

4.6.1 实验目的

（1）加深理解单相交流调压电路的工作原理。

（2）分析电阻负载和阻感负载时的输出特性。

（3）加深理解交流调压感性负载对移相范围的要求。

（4）对实验出现的问题加以分析和排除。

4.6.2 实验原理

晶闸管交流开关是出现最早的电子开关，如图 4 - 38（a）所示，它由两个反并联连接的普通晶闸管（VR_1 和 VR_2）组成。当这种开关连接于交流电路中时，在其 AB 两端承受交流电压正半周期间，触发 VR_1 导通那么就会有正向电流通过；同样，在 AB 端承受交流电压负半周期间，触发 VR_2 导通则有反向电流通过。如图 4 - 38（b）所示，两个反并联连接的晶闸管交流开关也可以用一个双向晶闸管来代替，但双向晶闸管承受 du/dt 能力较差，一般只用于电阻性负载电路。

作为一种可以通过改变器件导通相角来调节输出电压的器件，晶闸管交流开关主要还是应用在交流调压方面，其电路结构如图 4 - 39 所示。

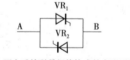

（a）两个反并联晶闸管构成的交流开关

（b）双向晶闸管

图 4 - 38 半控器件交流开关

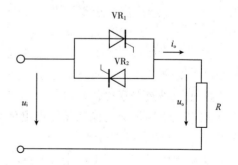

图 4 - 39 单相交流调压电路结构

当电路的负载为阻感负载时，交流调压电路的输出波形不仅与控制角 α 有关而且还与负载的阻抗角 φ（$\varphi = \arctan \omega L/R$）有关。

当负载为阻感负载时，交流调压器有如下两种工作情况。

（1）当控制角大于阻抗角，即 $\varphi \leqslant \alpha \leqslant \pi$ 时，电路的输出电压和电流的波形如图 4-40（a）所示。其波形的每个半周都与晶闸管可控整流时的情况相同。当 $\omega t = \alpha$ 时触发 VR_1 导通，电流 i_o 从零开始增长，虽然在 $\omega t = \pi$ 时 $u_o = 0$，但是因为电感的作用电流 i_o 仍大于零，VR_1 将继续导通使 u_o 进入负半周，直至电感能量释放净尽，电流 i_o 下降为零，VR_1 关断为止，这时，u_o 和 i_o 均为 0。如果接着在 $\omega t = \pi + \alpha$ 时触发 VR_2 导通，i_o 将经历反方向增加和减小的过程，于是负载上有正反方向的电压和电流，负载电流 i_o 滞后于 u_1 的电角度为 φ。

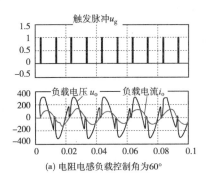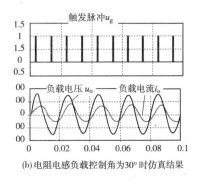

(a) 电阻电感负载控制角为60°　　　　(b) 电阻电感负载控制角为30°时仿真结果

图 4-40　阻感负载下单相交流调压电路输出电压电流波形

（2）当控制角小于阻抗角，即 $0 \leqslant \alpha \leqslant \varphi$ 时，电路的输出电压和电流的波形如图 4-40（b）所示。可见这是一个连续的正弦波，因为控制角 α 小于阻抗角 φ，前半周导通的电流与后半周导通的电流已经连了起来，即这时交流开关的两个晶闸管已经处于连续导通状态，相当于负载与电源已经直通了，所以在 $\alpha \leqslant \varphi$ 时，负载电压电流波形就不会再随 α 变化，而保持着完整的正弦波，这种状态也称为失控状态。

具有电感负载的交流调压器，晶闸管的有效移相范围为 $\alpha = \varphi \sim \pi$。

4.6.3　实验内容

（1）移相触发电路的调试。

（2）单相交流调压器带电阻性负载实验。

（3）单相交流调压器带阻感负载实验。

4.6.4　实验仪器

LY101、LY109、LY121、LY124、双踪示波器、万用表、LY112

4.6.5　实验步骤

（1）按图 4-41 接好控制回路。用示波器观察，LY109 有关波形，了解脉冲形成的原理，调节 RP1 观察锯齿波斜率的变化，改变 U_{ct} 观察输出脉冲的移相范围如何变化，移相能否达到 180°，记录上述观察到的各点电压波形。

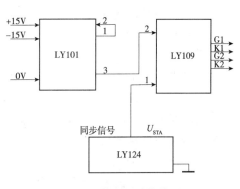

图 4-41　控制回路接线图

（2）单相交流调压器带电阻性负载，接好回路（图 4 - 42），电阻 $R＝50Ω$，启动主回路后，用示波器观察负载电压 U_d 及晶闸管两端电压 U_{ct} 及观察不同 $α$ 角时各波形的变化，并记录 $α＝60°$、$90°$、$120°$ 的波形。

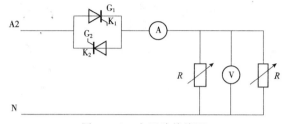

图 4 - 42　主回路接线图

（3）单相交流调压器带电阻电感性负载。断开电源，改接电阻电感性负载，合上电源，用双踪示波器同时观察负载电压 U_d 和负载电流 I_d 的波形，使 $R＝50Ω$ 不变，则阻抗角 $φ$ 为一定值，观察在不同 $α$ 角时，波形的变化情况，记录 $α＞φ$、$α＝φ$、$α＜φ$ 三种情况下负载两端电压 U_d 和流过负载的电流 I_d 的波形。

4.6.6　实验报告

（1）整理、画出实验中所记录的各类波形。

（2）分析带阻感负载时，$α$ 与 $φ$ 相应关系的变化对调压器工作的影响。

（3）分析实验中出现的各种问题。

4.7　三相逆变电源实验

4.7.1　实验目的

（1）了解和掌握三相交流逆变的工作原理。

（2）观察三相交流逆变电源的电压、频率、死区以及掌握相关参数调整的方法。

4.7.2　实验设备及仪器

（1）三相逆变电源实验装置一台，连接导线若干条。

（2）两通道数字示波器一台，数字万用表 1 个。

4.7.3　实验线路及原理

实验线路及原理见图 4 - 43。

4.7.4　实验内容及方法

1. 实验前准备

参见图 4 - 43 表示的相关的测量孔所在的位置，将 4 通道示波器的 1—4 号表笔连接到上桥 UP，VP，WP，下桥 WN，示波器地线连接到 AVGND，将万用表地线（黑色表笔）插入到 GND（AVGND 与 GND 已经跳线相连）。参数输入方式开关 TYPE 打向左方，允许电位器旋转设定参数。然后开始实验。

2. 观察及参数调整实验

（1）将交流电流表 IOUT 的接线端子串接在某相电流输出回路上，例如，与 SA 或 SB 或 SC 之一相接；将未串接接电流表的另外 2 个端子用导线直接短接。

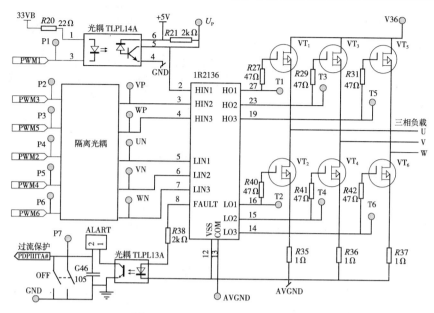

图 4-43 脉冲信号测量孔示意图

（2）将交流电压表 VOUT 并接在任意两相输出之间。例如，为了测量线电压，将 1 脚接在 SA 上，1 脚接在 SB 上。确认接线无误后，转入下一步。

（3）打开电源，LED 数码显示器从显示符号"－NCUT－"，几秒后，自动过渡到显示"P－OFF"。直流电压表 VIN 显示 C60 的测量电压约 42 伏（空载）。

（4）此时，可以用万用表测量各电源检测点的电压大小。例如，弱电侧有：V33＝3.3V（数字电压），A33＝3.3V（模拟电压），BV5＝3.3V（比较器控制输出的数字电压）。VC5＝5V（弱电侧 5V）；强电侧有：E15＝15V（供驱动 IGBT），E5＝5V（供隔离光耦副边等）。如果各点电压正常，可以进入下一步。

（5）连续按动按键"FUN"，将顺序显示：①高频调制脉冲频率；②死区大小；③导通脉宽；④逆变电源频率。一般的，可以通过旋转电位器 SET_V，SET_P，SET_F，将死区设成 2～16μs；脉宽＝80％左右；逆变电源频率＝100Hz。

（6）按动 RUN 按键，实验装置输出 3 相逆变电压和电流，绿色运行灯 RUN1 亮，3 个负载灯泡点亮，如图 4-44 所示。

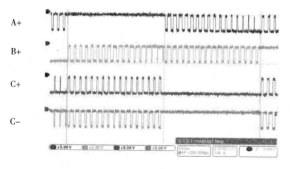

图 4-44 三相电压输出波形

67

（7）旋转参数设定电位器，依次改变逆变参数，从示波器观察输出波形发生的相应变化。①增大或减小上下桥臂导通切换的死区间隔，从示波器波形中可以看见死区相应变化，如图 4-45 所示；②改变脉冲导通宽度，灯泡的亮度发生变化，输出波形也有相应变化，交流电压表和交流电流表读数也相应变化；③改变逆变输出电源频率，可以从示波器上看见相应的周期变大或变小；④如果希望改变调制高频，可以通过按键来修改设定。

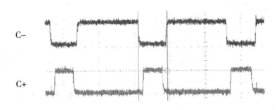

C-

C+

图 4-45　死区波形

4.7.5　实验报告

（1）记录相应的三相 PWM 信号、输出相电压、线电压并加以说明及分析。

（2）分析输出相电压、线电压 PWM 波形的谐波特性。

（3）讨论并分析实验中出现的问题，总结实验及体会。

4.7.6　思考题

（1）PWM 的控制原理？

（2）单极性调制与双极性调制的区别，实验中用的是哪种？

（3）异步调制与同步调制区别，各自特点，实验中用的是哪种方法？

（4）规则采样法的数字化实现方法。

（5）载波比、调制度的定义分别是什么？

4.8　电力电子技术综合设计及仿真

4.8.1　IGBT 电压型 PWM 变频器主电路参数计算

4.8.1.1　设计题目

IGBT 电压型 PWM 变频器主电路参数计算与设计。

4.8.1.2　交流电机参数

Y 系列电机，$2P=4$，额定功率 $P_N=5.5kW$，额定电流 $I_N=11.6A$，额定电压 $U_N=380V$，额定效率 $\eta_N=85.5\%$，额定速度 $n_N=1440r/min$，△接线。

电路方案：交-直-交结构。

说明：（1）系统初次合闸时，滤波电容 C_d 对电源相当于短路，为防止过大的冲击电流，在整流器输出端加一充电电阻 R，以限制 C_d 的充电电流，在 C_d 的电压充至额定值的 90% 左右时，由控制电路发出接触器 KJ 闭合的信号将 R_c 短路。

（2）采用霍尔电流检测器，检测输入逆变器的直流电流，用于系统的过电流保护。

4.8.1.3 设计要求

1. 整流侧参数计算

(1) 直流电压 U_d。

(2) 额定状态下直流侧的平均功率 P_{dN}。

(3) 直流电流平均值 I_{dN}。

(4) 整流器交流侧输入的电流有效值 I_2。

(5) 二极管 VD（留 2 倍裕量）。

(6) 交流侧快速熔断器 FF_1（留 2 倍裕量）。

(7) 充电电阻 R_c。

(8) 直流回路短路过电流保护 FF_2（留 2 倍裕量）。

2. 逆变侧参数计算（IGBT 留 2 倍裕量）

4.8.2 三相桥式全控整流电路仿真

三相桥式全控整流电路，电源线电压为 660V，整流变压器输出相电压 200V，观察整流器在电阻负载（$R=10\Omega$，$\alpha=30°$、$60°$、$90°$）、阻感负载（$R=5\Omega$，$L=0.01H$，$\alpha=30°$、$60°$、$90°$）时，对整流器直流侧输出电压、交流侧输入电流波形进行说明，测量其平均值，并观察整流器电压、交流侧电流波形和分析其主要次谐波（采用傅里叶分析）。

4.8.3 DC‑DC 降压、升压变换器仿真

设直流降压斩波电路电源电压 $E=300V$，输出电压 $U=150V$，电阻负载为 10Ω。观察 IGBT 和二极管的电流波形，对波形进行说明，并设计电感和输出滤波电容的电容值。

设直流升压斩波电路电源电压 $E=100V$，输出电压 $U=300V$，且输出电压的脉动控制在 5% 以内，电阻负载为 10Ω。设计升压斩波电路，并选择开关频率及电容电感的值。

4.8.4 三相全桥逆变器 SPWM 调制策略仿真

搭建三相全桥整流电路主回路，负载为阻感负载（$R=1\Omega$，$L=0.01H$），直流侧母线可采用直流电源（150V），调制方式采用 SPWM，调制波频率为 50Hz，载波频率为 1050Hz。

给出 A 相电压以及线电压 AB 的电压波形，并对这 2 种波形进行谐波分析；A 相桥臂开关管的驱动波形、IGBT 承受的电压、通过的电流及其有效值。

4.8.5 单相交交变频电路仿真

搭建单相交交变频主电路，描述如何用 Matlab 实现余弦交点法，给出输出波形图，并给出谐波分析图。

4.8.6 电流跟踪型逆变器仿真

构造单相半桥主回路，结合主回路描述滞环控制规律，给出输出电流跟踪波形。

4.8.7 三相不可控桥式电路仿真

三相不控桥电容性负载，三相交流输入线电压 380V，阻容负载 $R=2\Omega$，$C=500\mu F$。给出输入 A 相电流波形，并对其进行谐波分析；给出直流母线侧电压波形，并对其进行谐波分析。

第5章 直流调速系统实验

5.1 晶闸管直流调速系统参数和环节特性的测定

5.1.1 实验目的

(1) 了解晶闸管直流调速系统实验装置的基本结构。

(2) 掌握晶闸管直流调速系统的基本原理及有关参数的测定。

(3) 对晶闸管直流调速系统的设计及相关计算确定实践依据。

5.1.2 实验原理

晶闸管直流调速系统由整流变压器、晶闸管整流调速装置、平波电抗器、电动机-发电机组等组成。

本实验中，整流装置的主电路为三相桥式电路，控制回路可直接由给定电压 U_g 引出作为触发器的移相控制电压 U_{ct}，改变 U_g 的大小即可改变控制角 α，从而获得可调的直流电压和转速，控制回路接线如图 5-1 所示。

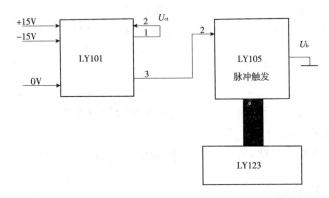

图 5-1 控制回路接线图

5.1.3 实验内容

(1) 测定晶闸管直流调速系统主回路总电阻 R。

(2) 测定晶闸管直流调速系统主回路总电感 L。

(3) 测定直流电动机-直流发电机-测速电机机组的飞轮惯量 GD^2。

(4) 测定晶闸管直流调速系统主电路电磁时间常数 T_L。

(5) 测定直流电动机电势常数 C_e 和转矩常数 C_m。

（6）测定晶闸管直流调速系统机电时间常数 T_m。

（7）测定晶闸管触发及整流装置特性 $U_d = f\ (U_{ct})$。

（8）测定测速发电机特性 $U_n = f\ (n)$。

5.1.4 实验挂箱及仪器

（1）给定积分单元 LY101、三相脉冲移相触发单元 LY105。

（2）机组：直流电动机-直流发电机-测速发电机。

（3）测试仪器：直流电压表、直流电流表、万用表、双踪示波器。

（4）电抗器用电感 3。

5.1.5 实验步骤

1. 电枢回路电阻 R 的测定

电枢回路的总电阻 R 包括电机的电枢电阻 R_a，平波电抗器的直流电阻 R_L 和整流装置的内阻 R_r，$R = R_a + R_L + R_r$。

为测出晶闸管整流装置的电源内阻，可采用伏安比较法来测定电阻，其实验线路如图 5-2 所示。

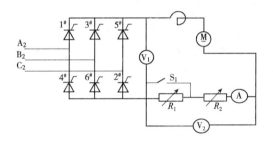

图 5-2 主回路接线图

将变阻器 R_1、R_2 接入被测系统主回路，测试时电动机不加励磁，使电动机堵转，合上 S_1 调节 U_g 使整流装置输出电压 U_d =（0.3～0.6）U_{ed}，然后调整 R_2 使电枢电流为（0.8～0.9）I_{ed}，读取电流表 A 和电压表 V_2 的数值为 I_1 和 U_1，则此时整流装置的理想空载电压为 $U_{d0} = I_1 R + U_1$。

调节 R_1 使之与 R_2 相近，断开开关 S_1，在 U_d 不变的条件下，读取电流表 A 和电压表 V_2 表数值 I_2 和 U_2。则 $U_{d0} = I_2 R + U_2$。

电枢回路总电阻为

$$R = (U_2 - U_1)/(I_1 - I_2)$$

如把电机电枢电阻两端短接、重复上述实验可得

$$R_L + R_r = (U_2' - U_1')/(I_1' - I_2')$$

则电机电枢电阻为

$$R_a = R - (R_L + R_r)$$

同样，短接电抗器两端，也可测得电抗器直流电阻 R_L。

2. 电枢电感 L 的测定

电枢电路总电感包括电机的电枢电感 L_a，平波电抗器电感 L_L 和整流变压器漏感 L_B，

由于 L_B 数值很小，可忽略，故电枢回路的等效总电感为 $L = L_a + L_L$。

电感的数值可用交流伏安法测定，电动机加额定励磁，电枢回路由交流调压器供电，实验线路如图 5-3 所示。

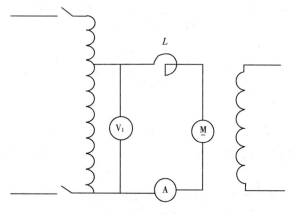

图 5-3　实验接线图

实验时交流电压的有效值应小于电机电压的额定值，用交流电压表和交流电流表分别测出通入交流电压后电枢两端和电抗器的电压值 U_a 和 U_L 及电流 I，从而可得到交流阻抗 Z_a 和 Z_L。计算出电感值 L_L 和 L_a。

$$Z_a = U_a/I$$
$$Z_L = U_L/I$$
$$L_a = \sqrt{Z_a^2 - R_a^2}/(2\pi f)$$
$$L_L = \sqrt{Z_L^2 - R_L^2}/(2\pi f)$$

3. 直流电动机、发电机、测速电机组的飞轮惯量 GD^2 的测定

电力拖动系统的运行方式为：

$$T - T_L = (GD^2/375) \times dn/dt$$

式中：T 为电动机的电磁转距，$N \cdot m$；T_L 为负载转距，空载时即为空载转距 T_Z，$N \cdot m$；
　　　n 为电动机转速，r/min。

电机空载自由停车时，$T = 0$，$T_L = T_Z$，运动方程式为

$$T_Z = (-GD^2/375) \times dn/dt，故 GD^2 = \frac{375 T_Z}{dn/dt}$$

式中，GD^2 的单位为 $N \cdot m^2$。

T_Z 可由空载功率 P_Z（单位为 W）求出。

$$P_Z = U_a I_z - I_z^2 R_a$$
$$T_Z = 9.55 P_Z/n$$

dn/dt 可由自由停车时所得曲线 $n = f(t)$ 求得，其实验线路如图 5-4 所示。电动机 M 加额定励磁，将电机空载启动至稳定转速后，测定电枢电压 U_a 和电流 I_z，然后断开 U_g 用光线示波器拍摄 $n = f(t)$ 曲线，即可求取某一转速时的 T_Z 和 dn/dt。由于空载转矩不是常数，可以以转速 n 为基准选择若干个点，测出相应的 T_Z 和 dn/dt，以求取 GD^2 的平均值。

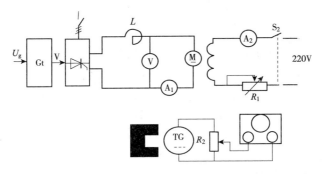

图 5-4 实验线路图

4. 主电路电磁时间常数 T_L 的测定

采用电流波形法测定电枢回路电磁时间常数 T_L，电枢回路突加给定电压时，电流 i_d 按指数规律上升。

$$i_d = I_L(1 - e^{-t/T_L})$$

其电流变化曲线如图 5-5 所示。当 $t = T_L$ 时，有

$$i_d = I_d(1 - e^{-1}) = 0.632I_d$$

实验线路如图 5-6 所示，电机不加励磁。调节 U_g 使电机电枢电流为 $(0.5 \sim 0.9)I_{ed}$。然后保持 U_g 不变，突然合上主电路开关 S，用光线示波器拍摄 $i_d = f(t)$ 的波形，由波形图上测量出当电流上升至 63.2% 稳定值时的时间，即为电枢回路的电磁时间常数 T_L。

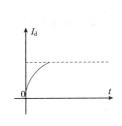

图 5-5 电流变化曲线

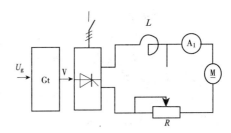

图 5-6 实验线路图

5. 电动机电势常数 C_e 和转矩常数 C_m 的测定

将电动机加额定励磁，使之空载运行，改变电枢电压 U_d，测得相应的 n，即可由下式算出 C_e。

$$C_e = K_e\Phi = (U_{d2} - U_{d1})/(n_2 - n_1)$$

转矩常数（额定磁通时）C_m 的单位为 N·m/A，可由 C_e 求出

$$C_m = 9.55C_e。$$

6. 系统机电时间常数 T_m 的测定

$$T_m = (GD^2 \cdot R)/375C_eC_m\Phi^2$$

由于 $T_m \gg T_d$，也可以近似地把系统看成是一阶惯性环节，即：

$$n = KU_a/(1 - T_mS)$$

当电枢突加给定电压时，转速 n 将按指数规律上升，当 n 到达 63.2% 稳态值时，所经

过的时间即为机电时间常数 T_m。

测试时电枢回路中的附加电阻应全部切除，突然给定电枢电压，用光线示波器拍摄过渡过程曲线，$n = f(t)$，即可由此确定机电时间常数。

7. 晶闸管触发及输出特性 $U_d = f(U_{ct})$ 以及测速发电机特性 $U_s = f(n)$ 的测定，晶闸管电动机加额定励磁逐渐增加触发电路的控制电压 U_{ct}，分别读取对应的 U_{ct}、U_s、U_d、n 的数值若干组，即可描绘出特性曲线 $U_d = f(U_{ct})$ 和 $U_s = f(n)$ 曲线，可求取晶闸管整流装置的放大倍数曲线 $K_S = f(U_{ct})$，$K_S = \Delta U_d / \Delta U_{ct}$。

5.1.6　实验报告

(1) 用示波器存储各种曲线记录，计算相关参数。

(2) 由晶闸管整流装置的放大倍数曲线 $K_S = f(U_{ct})$，分析晶闸管装置的非线性。

(3) 总结上述参数的测定方法。

5.1.7　思考题

(1) 晶闸管直流调速系统基本原理是什么？晶闸管直流调速系统有哪些参数，如何测定？

(2) 整个实验过程中，由于晶闸管整流装置处于开环工作状态，操作时应注意哪些问题才能避免过流？

5.2　晶闸管直流调速系统主要单元调试

5.2.1　实验目的

(1) 熟悉直流调速系统主要单元部件的工作原理及调速系统对其提出的要求。

(2) 掌握直流调速装置主要单元部件的调试步骤和方法。

5.2.2　实验原理

主要单元部件的工作原理见第 3 章相关介绍。

5.2.3　实验内容

(1) 过流报警的整定。

(2) 调节器的调试。

5.2.4　实验挂箱及仪器

(1) 给定积分单元 LY101、速度调节器 LY102、电流调节器 LY103、LY107。

(2) 双踪示波器。

(3) 万用表。

5.2.5　实验步骤

1. 电流整定

根据本机组功率及晶闸管允许的电流最大值，作电流整定，整定在 10A，其整定方式如下。

先按图 5-7 接线，当 U_g 缓慢升高，电流不断增大，当电流 A 显示 10A 时，测试电流反馈电压，电压应为 8~10V 左右，若没有电压反馈或电压反馈太小，停止实验，检查线路。

2. 调节器的调试方法

（1）调零。将 LY102 中"速度调节器"所有输入端接地，用导线连接"4"、"5"插口以短路反馈电容，从而使调节器成为 P（比例）调节器。调节面板上的比例调节旋钮电位器 RP3 以改变比例调节器的反馈量已达到调零目的。在调节过程中，使用万用表的毫伏档监视调节器输出端"7"的电压，尽可能使调节器的输出电压接近于零。

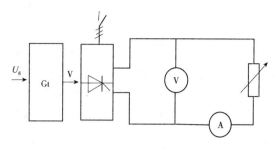

图 5-7 实验接线图

（2）调整输出的正负限幅值。去掉连接在"4"、"5"插口上的短接线，在 LY107 中选择 $0.47\mu F$ 可调电容并将其接入"4"、"5"两端，使调节器成为 PI（比例积分）调节器，然后将 LY101 的给定输出端接到转速调节器的"1"端，在调节器输入端输入负给定信号的条件下调整正限幅电位器 RP1，使速度调节器的输出正限幅值为 U_{ctmax}。在调节器输入端输入正给定信号的条件下调整负限幅电位器 RP1，使速度调节器的输出负限幅值为 U_{ctmax}。

（3）测定输入输出特性，将反馈网络中的电容短接（"4"、"5"两端短接），使速度调节器为 P（比例）调节器，向调节器输入端逐渐加入正负电压，测出相应的输出电压、直至输出限幅值，并画出曲线。

（4）观察 PI 特性，拆除"4"、"5"两端短接线，突加给定电压 U_g，用慢扫描示波器观察输出电压变化规律，改变调节器的放大倍数及反馈电容，观察输出电压的变化，反馈电容由外接电容箱改变数值。

电流调节器调试方法步骤同上。

5.2.6 实验报告

（1）画出各控制单元的调试连线图

（2）记录电流整定值及相关波形。

（3）测出调节器相应的输出电压限幅值，并画出工作曲线。

5.2.7 思考题

（1）直流调速装置主要单元部件的调节器主要作用是？

（2）为什么要整定电流值，作用是什么？

5.3 速度负反馈单闭环晶闸管不可逆直流调速系统

5.3.1 实验目的

（1）了解单闭环直流调速系统的组成及工作原理。

（2）了解系统各主要单元部件的工作原理。

（3）掌握晶闸管直流调速系统的一般调试方法及参数整定方法。

（4）通过实验，加深负反馈在调速系统中作用的理解。

5.3.2 实验原理

以直流电机转速为反馈信号的单闭环系统叫做转速单闭环直流电机调速系统。

在本实验系统中，用以测量电机转速的装置为测速发电机，该装置可将电动机实际转速转换为与电机转速成正比的电压信号反馈到系统输入端。反映转速变化的电压信号在与期望转速相关的给定电压比较后，其偏差信号送入速度调节器。速度调节器对偏差进行控制运算后得到的便是控制晶闸管的移相控制电压 U_{ct}，整流桥的触发电路产生的触发脉冲经功放后加到晶闸管的门极和阴极之间以改变"三相全控整流桥"的输出电压，进而改变直流电机的转速，从而构成了速度负反馈闭环系统。其动态结构框图如图 5-8 所示。

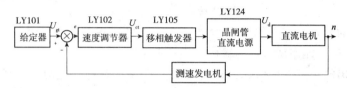

图 5-8　转速单闭环直流调速系统动态结构框图

单闭环直流电机调速实验系统由被控对象、控制器和执行器三部分组成，它们之间的关系如图 5-9 所示。

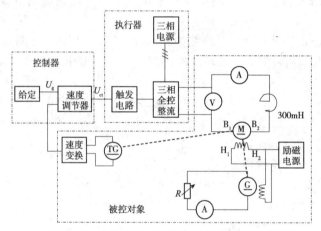

图 5-9　转速单闭环直流调速实验系统组成

1. 被控对象

被控对象就是直流电动机 M，它在主回路直流电压的作用下旋转，其转速为系统的被控参数。测量直流电动机转速的装置为与直流电动机同轴安装的测速发电机 TG，TG 的输出电压与直流电机转速成正比，该电压通过速度变换电路反馈到控制器的输入端与给定信号相比较。

本系统使用一台带有负载电阻 R 的发电机来模拟直流电机的负载，改变可变电阻 R 的大小也就改变了直流电动机 M 的负载。

为平滑直流电动机的电流，在供电回路中接有 300mH 的平波电抗器。

2. 控制器

控制器为本实验的主要内容之一，为使系统为无静差系统，本系统采用了 PI（比例－积分）调节器，依靠其中的积分作用实现了转速的无差调节。

3. 执行器

执行器就是三相整流电路及其触发电路部分，它起着将控制器输出电压转换为电动机两端的直流电压的作用。

5.3.3　实验所需设备及仪器

实验所需设备及仪器见表5-1。

表 5-1　　　　　　　　　　　　　　实验所需设备及仪器

序号	型号	备注
1	电源控制屏（LY121）	
2	晶闸管主电路（LY124）	
3	三相晶闸管触发电路（LY105）	使用晶闸管整流桥Ⅰ
4	正负给定（LY101）	
5	速度调节器（LY102）	
6	电阻箱	
7	电机机组（两个直流电机一个交流电机）	
8	电机电源控制屏（LY125）	
9	平波电抗器	使用LY105上的电感3
10	双踪示波器	
11	万用表	

5.3.4　实验内容

（1）基本控制单元测试。

（2）直流电动机调速系统开环特性测定（在触发控制电压U_{ct}不变时测定）。

（3）转速单闭环直流调速系统闭环特性测定。

5.3.5　实验步骤

5.3.5.1　总电源的准备

在实施实际实验工作之前，打开电源板LY121上的三相电源总电源开关，通过转换进线电压转换开关，并通过交流电压表的示值观察输入的三相电网电压是否平衡。LY121布置如图5-10所示。

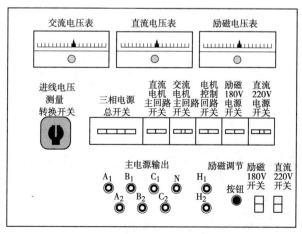

图 5-10　LY121面板布置图

5.3.5.2 机组的准备

机组示意图以及机组与实验挂箱 LY125 的关系如图 5-11 所示。注意，在做机组的准备时，必须先把直流机的冷却风机的电源接好。

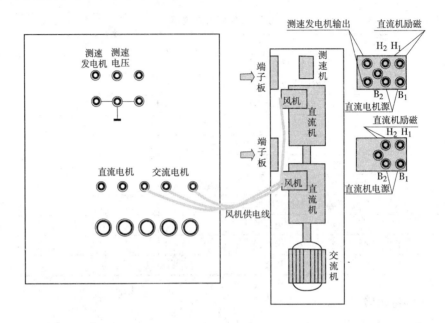

图 5-11 LY125 面板与机组连接关系

5.3.5.3 触发电路（LY105）调试步骤

触发电路实验接线图如图 5-12 所示。

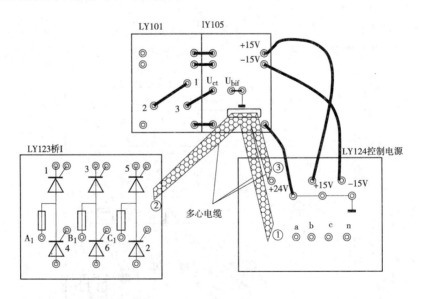

图 5-12 触发电路单元测试实验接线图

将 LY101、LY102、LY105 分别接上±15V 直流工作电源。在 LY105 上使用 18 芯扁平电缆分别实现三路连接：即 LY105 与 LY124 三相同步信号的连接（电缆的 a、b、c 接至 LY124 的 a、b、c，见图 5-12 中的①），LY105 触发脉冲与晶闸管桥 I 的连接（电缆的 Gx、Kx 端与桥的对应 Gx、Kx 端相连，见图 5-12 中的②）以及 LY105 的＋24V 电源与 LY104 控制电源＋24V、0 的连接（见图 5-12 中的③）。

触发电路的调试内容主要为两项：锯齿波斜率调试和触发角调试。调试的目的就是使电路能够输出符合要求的三相对称触发脉冲。

1. 调整锯齿波斜率

在 LY105 上拨动"脉冲选择"开关，选用双脉冲，利用 LY105 的波形观察插口用示波器观察三相锯齿波，并调节位于各观察插口左侧的锯齿波斜率调节电位器使各波形的斜率尽可能一致。

2. 调整触发控制角 α

在将 LY101 的输出 U_g 连接到 LY105 的移相控制电压 U_{ct} 后，将给定开关拨到"关"位置，使 $U_{ct}=0$，然后用示波器观察 A 相同步电压信号和"双脉冲观察孔"1 的输出波形，并仔细调节 LY105 上的偏置电压电位器 UP，使晶闸管触发控制角 $\alpha=120°$。

在 LY101 上调节给定旋钮，适当增加给定电压 U_g，此时通过 LY105 的脉冲观察孔观察各触发脉冲的相位。系统正常时可观测到 #1、#3、#5 单窄脉冲相位相差 120°，而 #2、#4、#6 与 #1、#3、#5 脉冲相位相差 180°。

3. 在晶闸管门极和阴极之间观察触发脉冲

首先将 LY105 面板上的 U_{dif} 端接地，从而触发电路输出与晶闸管连接（防止晶闸管影响触发电路的输出波形），然后使用示波器在晶闸管桥 I 各晶闸管的 Gx、Kx 端观察脉冲波形，以判断双窄触发脉冲是否正常。

5.3.5.4　测定直流电机的开环外特性 $n=f(I_d)$

1. 被测对象

被测对象由直流电机、带有电阻负载 R 的直流发电机组成，其中直流发电机与直流电动机同轴安装，是直流电动机的负载。另外，为平滑电流，在直流电动机的电枢回路中还要接有 300mH 的平波电抗器 L_d（取自 LY105 的电感 3）。

2. 接线

首先将 LY101 上的"正负给定"输出 U_g 连接到 LY105 的移相控制电压 U_{ct}，由 U_g 控制触发脉冲触发角，并在整流电路连接电阻负载的情况下，判断电路是否正常。若电路正常无误，则在把给定单元的输出电压 U_g 调整为 0 后，再把直流机组作为正常负载取代电阻 R 接入整流电路。

3. 机组辅助电源及主电源供电

电机机组启动之前需要三项准备工作，即接通励磁电源、启动风机和确定主电路交流电压。

接通励磁电源的步骤为如下：

（1）闭合励磁 180V 主电源开关。

（2）闭合励磁 180V 电源按键开关。

启动风机的步骤如下：

（1）闭合交流电机主回路开关。

（2）闭合电机控制回路开关。

（3）按下 LY125 上的"交流电机正转开关"启动风机。

最后，通过调节主供电回路中的调压器，使主电路输出三相交流电源达到 200V 左右。

4. 启动直流电动机并整定速度反馈系数

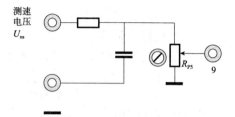

在直流电机轻载（发电机负载电阻 R 最大）情况下启动电机。在 LY101 给定单元调节给定电压调节旋钮，从零开始逐渐增加"给定"电压 U_g，使电动机启动并逐渐将转速 n 增加到 1500rpm。

接下来在 LY102 上的"速度反馈"部分调节转速反馈电位器 R_{P5}（图 5 - 13），使得该转速时反馈电压 $U_{fn}=5V$，这时可计算得转速反馈系数为

图 5 - 13　LY102 的速度反馈部分

$$\alpha = U_{fn}/n = 5/1500 = 0.00333(V \cdot min/r)$$

5. 测试被控对象的外特性

在保持 U_{ct} 不变的条件下，调整负载电阻 R，使电机的电枢电流达到额定电流 I_{ed}（10A），然后增加负载电阻 R（即减小电机电枢电流）直至最轻载（R 最大）。记录各次电阻改变后所测得的电枢电流 I_d 与电机转速 n 填入表 5 - 2 中。

表 5 - 2　　　　　　　　　　　　实 验 记 录

n (r/min)						
I_d (A)						

根据上表绘制直流电动机开环外特性 $n = f(I_d)$。

6. 停止直流电动机

停止直流电机时应必须先将给定和调压器调整到零，然后在断开励磁并停止风机之后再断开直流开关停止直流电动机。

5.3.5.5　转速单闭环直流调速系统各控制单元参数整定

1. 确定移相控制电压 U_{ct} 的调节范围

确定移相控制电压 U_{ct} 的调节范围的工作主要为确定该电压的最大值 U_{ctmax}。

首先将 LY101 给定电压 U_g 端与 LY101 移相控制电压 U_{ct} 端直接连接，并以电阻 R 为三相全控整流电路负载，用示波器观察 U_d 的波形。在调压器给定 20V 的情况下，从零开始逐渐增大给定电压 U_g，在前期，U_d 将随给定电压 U_g 的增大而增大，而当 U_g 的值达到某一数值（记为 U_g'）时，U_d 波形会因出现缺相现象而使 U_d 反而随 U_g 的增大而减少，于是可确定移相控制电压 U_{ct} 的最大允许值为 $U_{ctmax}=0.9U_g'$，即 U_g 的允许调节范围为 $0 \sim U_{ctmax}$。

最后，将实验结果 U_g' 与 U_{ctmax} 记录于表 5 - 3，并将给定电压 U_g 退回到零，准备下一步实验。

表 5 - 3　　　　　　　　　　　　实 验 结 果

U_g'	
$U_{ctmax}=0.9U_g'$	

2. 速度调节器参数调整

LY102实验挂箱上速度调节器电路如图5-14所示。

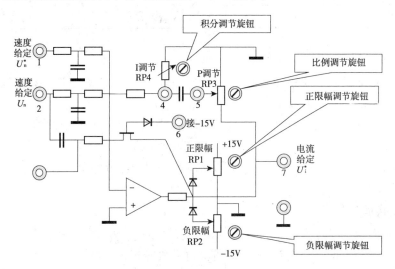

图5-14 LY102速度调节器部分电路图

(1) 调零。将LY102中"速度调节器"所有输入端接地，用导线连接"4"、"5"插口以短路反馈电容，从而使调节器成为P（比例）调节器。调节面板上的比例调节旋钮电位器RP3以改变比例调节器的反馈量已达到调零目的。在调节过程中，使用万用表的毫伏档监视调节器输出端"7"的电压，尽可能使调节器的输出电压接近于零。

(2) 调整输出的正负限幅值。去掉连接在"4"、"5"插口上的短接线，在LY107中选择$3.3\mu F$可调电容并将其接入"4"、"5"两端，使调节器成为PI（比例积分）调节器，然后将LY101的给定输出端接到转速调节器的"1"端，在调节器输入端输入负给定信号的条件下调整正限幅电位器RP1，使速度调节器的输出正限幅值为U_{ctmax}。

5.3.5.6 转速单闭环直流调速系统的启动及静态特性的测试

上述各项工作完成后，便可将各个单元部件连接成转速单闭环直流调速系统。具体接线及系统启动方法如下。

1. 接线

按图5-7接线，在本实验中，LY101的"给定"电压U_g为负给定，转速反馈为正电压，将"速度调节器"接成P（比例）调节器或PI（比例积分）调节器。直流发电机接负载电阻R，L_d用LY124上300mH的电感3，负给定输出调到零。

2. 系统的启动

按照前面的介绍，在轻载情况下，先给励磁和风机供电，然后把调压器调整到200V，最后把给定电压值U_g从零逐渐调大，最终使电动机的转速接近$n=1500r/min$。

3. 测试系统闭环静态特性

由大到小调节直流发电机负载R的值，测出电动机的电枢电流I_d，和电机的转速n，直至$I_d=I_{ed}=10A$，即可测出系统静态特性曲线$n=f(I_d)$，记录于表5-4。

表 5-4　　　　　　　　　　　　　实验记录二

n (r/min)							
I_d (A)							

4. 观察系统动态波形

用双踪慢扫描示波器观察动态波形，用光线示波器记录动态波形，在不同的调节器参数下，观察、记录下列动态波形：

（1）突加负载（20%I_{ed}～100%I_{ed}）时电机电枢电流波形和转速波形。

（2）突降负载（20%I_{ed}～100%I_{ed}）时电机电枢电流和转速波形。

（3）电网电压突降10%～20%（使用调压器将供电电压突减20～40V左右）时电机电枢电流及转速的波形。

5.3.6　实验报告

（1）记录实验所得各个动态波形图。

（2）根据实验数据，画出 U_{ct} 不变时直流电动机开环机械特性。

（3）根据实验数据，画出 U_{ct} 不变时转速单闭环直流调速系统的机械特性。

（4）比较以上各种机械特性，并做出解释。

5.3.7　思考题

（1）P 调节器和 PI 调节器在直流调速系统中的作用有什么不同？

（2）实验中，如何确定转速反馈的极性并把转速反馈正确地接入系统中？调节什么元件能改变转速反馈的强度？

（3）改变"速度调节器"的电阻、电容参数，对系统有什么影响？

5.3.8　注意事项

（1）双踪示波器有两个探头，可同时观测两路信号，但这两探头的地线都与示波器的外壳相连，所以两个探头的地线不能同时接在同一电路的不同电位的两个点上，否则这两点会通过示波器外壳发生电气短路。为此，为了保证测量的顺利进行，可将其中一根探头的地线取下或外包绝缘，只使用其中一路的地线，这样从根本上解决了这个问题。当需要同时观察两个信号时，必须在被测电路上找到这两个信号的公共点，将探头的地线接于此处，探头各接至被测信号，只有这样才能在示波器上同时观察到两个信号，而不发生意外。

（2）电机启动前，应先加上电动机的励磁，才能使电机启动。在启动前必须将移相控制电压调到零，使整流输出电压为零，这时才可以逐渐加大给定电压，不能在开环或速度闭环时突加给定，否则会引起过大的启动电流，使过流保护动作，告警，跳闸。

（3）通电实验时，可先用电阻作为整流桥的负载，待确定电路能正常工作后，再换成电动机作为负载。

（4）在连接反馈信号时，给定信号的极性必须与反馈信号的极性相反，确保为负反馈，否则会造成失控。

（5）直流电动机的电枢电流不要超过额定值使用，转速也不要超过1.2倍的额定值。以免影响电机的使用寿命，或发生意外。

5.4 双闭环晶闸管不可逆直流调速系统

5.4.1 实验目的

(1) 了解电流环的工作原理和作用。

(2) 掌握双闭环不可逆直流调速系统的调试步骤、方法及参数整定。

(3) 观察各调节器、反馈系数参数对系统（静、动态）性能的影响。

5.4.2 实验线路及原理

1. 基本构成及基本原理

双闭环直流调速系统原理框图如图 5-15 所示。因系统由速度环和电流环两个反馈环路组成，所以被称作双闭环系统。由图 5-15 可见，因整个被控对象有反映了负载大小的电流量被检出来为反馈量，因此原来的速度对象被分成了速度对象和电流对象两部分。又因直流电动机的转速为系统的主调参数，且因速度对象时间常数远大于电流对象时间常数，所以速度环处在电流环的外部而成为了系统的主控回路（外环），而电流环则处在主控回路内部以速度调节器的输出为给定信号，形成了以克服电流干扰为主要控制目标的电流环，也称内环。

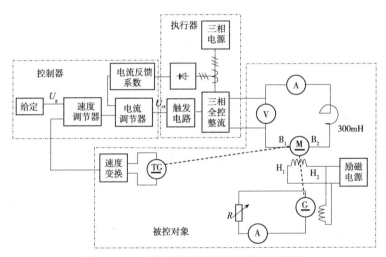

图 5-15 双闭环直流调速系统的原理框图

2. 双闭环系统的工作过程

通常，由于系统的给定电压值 U_g 对应于电动机的期望转速，而电机在启动时其转速又远小于期望转速，所以在系统启动时速度调节器会因输入了较大的偏差而很快饱和，从而导致速度调节器的输出为调节器的限幅值。从图 5-15 可知，速度调节器的输出即是电流调节器的给定，所以在速度调节器饱和阶段，电流调节器的给定为一固定值（即速度调节器的限幅值），图 5-15 的等价系统如图 5-16 所示。

如果在参数整定时，已将速度调节器的限幅值（即电流调节器的给定值）调整到了与直流电机的最大启动电流相对应，那么电动机将以最大启动电流启动，直至电机转速达到给定转速（即速度调节器给定 U_g 等于速度反馈 U_{fn}）并在出现超调后，速度调节器才会退

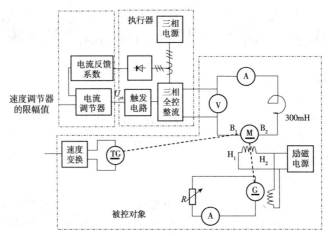

图 5-16　速度调节器饱和时（系统启动时）系统单回路系统图

出饱和，使其输出小于限幅值后，速度环才会进入线性区而起调节作用。速度调节器和电流调节器均工作在非饱和状态时，系统才是如图 5-15 所示的真正双闭环系统，该系统在速度环和电流环的共同作用下，电机转速会最终稳定于期望转速。

5.4.3　实验所需挂箱及附件

实验所需挂箱及附件见表 5-5。

表 5-5　　　　　　　　　　　　实 验 所 需 设 备

设备	说明
给定单元 LY101	
速度调节器 LY102	
电流调节器 LY103	
三相脉冲移相触发器 LY105	
LY121～LY124	
电阻箱	
电抗器	用电感 3
电机机组	两个直流电机一个交流电机
双踪示波器	
万用表	

5.4.4　实验内容

（1）速度调节器和电流调节器的参数整定：转速反馈系数、电流反馈系数、调节器正负限幅值、PI 参数。

（2）双闭环系统的闭环静态特性 $n=f(U_g)$ 的测定。

（3）观察、记录系统动态波形。

5.4.5　实验步骤

5.4.5.1　双闭环调速系统的调试、投运原则

（1）先单元、后系统，即先将单元的参数调好，然后再组成系统。

（2）先开环、后闭环，即先使系统运行在开环状态，然后在确定电流和转速均为负反馈后，才可组成闭环系统。

（3）先内环、后外环，即先调试电流内环，然后调试转速外环。

（4）先调整稳态精度，后调整动态指标。

5.4.5.2　实验步骤

（1）各单元电路的测试调整、转速反馈系数的整定、开环外特性的测定、系统静特性测试。本步骤见实验 5.3 的说明。

（2）构成双闭环系统。按图 5－15 接线，LY101 的给定电压 U_g 输出为正给定，转速反馈电压为负电压，直流发电机接负载电阻 R，L_d 用 LY123 的电感 3（300mH），负载电阻放在最大值，给定的输出调到零。将速度调节器，电流调节器都接成 P（比例）调节器后，接入系统，形成双闭环不可逆系统，按下启动风机按钮，接通励磁电源，增加给定，观察系统能否正常运行，确认整个系统的接线正确无误后，将"速度调节器"，"电流调节器"均恢复成 PI（比例积分）调节器，构成实验系统。

注意，电流反馈信号取自 LY125 挂箱的电流互感器输出电压端子，然后经挂箱 LY103 的电流反馈系数设定单元输出到电流调节器，如图 5－17 和图 5－18 所示。

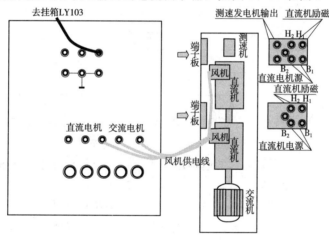

图 5－17　LY125 面板与机组连接关系

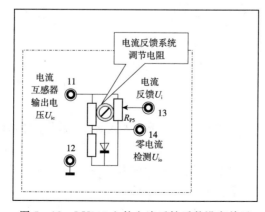

图 5－18　LY103 上的电流反馈系数设定单元

（3）机械特性 $n=f(I_d)$ 的测定。

1）发电机先空载，从零开始逐渐调大给定电压 U_g，使电动机转速接近 $n=1500\text{r/min}$，然后接入发电机负载电阻 R，逐渐改变负载电阻，直至 $I_d=I_{ed}$（10A），即可测出系统静态特性曲线 $n=f(I_d)$，并记录于表 5-6 中。

表 5-6 　　　　　　　　实 验 记 录 一

n（r/min）							
I_d（A）							

2）降低 U_g，再测试 $n=800\text{r/min}$ 时的静态特性曲线，并记录于表 5-7 中。

表 5-7 　　　　　　　　实 验 记 录 二

n（r/min）							
I_d（A）							

（4）闭环控制系统 $n=f(U_g)$ 的测定。调节 U_g 及 R，使 $I_d=I_{ed}$（10A）、$n=1500\text{r/min}$，逐渐降低 U_g，记录 U_g 和 n，即可测出闭环控制特性 $n=f(U_g)$，并记录于表 5-8 中。

表 5-8 　　　　　　　　实 验 记 录 三

n（r/min）							
U_g（V）							

（5）系统动态特性的观察。在参数的不同设置下（调节器的比例和积分，速度反馈电路中的滤波电容），使用慢扫描示波器观察、记录下列动态波形。

1）突加给定 U_g，电动机启动时的电枢电流 I_d（电流反馈的端子 13）波形和转速 n（速度反馈电路的端子 9）的波形。

2）突加额定负载（20% I_{ed}～100% I_{ed}）时电动机电枢电流波形和转速波形。

3）突降负载（100% I_{ed}～20% I_{ed}）时电动机的电枢电流波形和转速波形。

4）电网电压突降（10%～20%）（使用调压器将供电电压突减 20～40V 左右）时电机电枢电流及转速的波形。

5.4.6 实验报告

（1）根据实验数据，画出闭环控制特性曲线 $n=f(U_g)$。

（2）根据实验数据，画出两种转速时的闭环机械特性 $n=f(I_d)$。

（3）根据实验数据，画出系统开环机械特性 $n=f(I_d)$，计算静差率，并与闭环机械特性进行比较。

（4）分析系统动态波形，讨论系统参数的变化对系统动、静态性能的影响。

5.4.7 思考题

（1）为什么双闭环直流调速系统中使用的调节器均为 PI 调节器？

（2）转速负反馈的极性如果接反会产生什么现象？

（3）双闭环直流调速系统中哪些参数的变化会引起电动机转速的改变？哪些参数的变

化会引起电动机最大电流的变化?

5.4.8 注意事项

(1) 参见实验5.3的注意事项。

(2) 在记录动态波形时,可先用双踪慢扫描示波器观察波形,以便找出系统动态特性较为理想的调节器参数,再用数字存储示波器或记忆示波器记录动态波形。

5.5 逻辑无环流可逆直流调速系统

5.5.1 实验目的

(1) 了解并熟悉逻辑无环流可逆直流调速系统的原理和组成。

(2) 掌握各控制单元的原理,作用及调试方法。

(3) 掌握逻辑无环流可逆调速系统的调试步骤和方法。

(4) 了解逻辑无环流可逆调速系统的静特性和动态特性。

5.5.2 实验原理

逻辑无环流系统的主回路由二组反并联的三相全控整流桥组成,由于没有环流。两组可控整流桥之间可省去限制环流的均衡电抗器,电枢回路仅串接一个平波电抗器 L。

控制系统主要由速度调节器 ASR,电流调节器 ACR,反号器 AR,转矩极性鉴别 DPT,零电流检测 DPZ,无环流逻辑控制器 DLC,触发器 CT,电流反馈 BC,速度反馈 BS 等组成,其系统原理如图 5-19 所示。

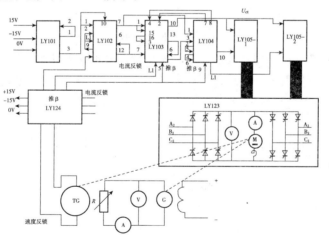

图 5-19 逻辑无环流系统原理图

正向启动时,给定电压 U_g 为正电压,无环流逻辑控制器的输出端 U_{blf} 为"0"态,U_{blr} 为"1"态,即正桥触发脉冲开通,反桥触发脉冲封锁,主回路正组可控整流桥工作,电机正向运转。

减小给定时,$U_g < U_{fn}$,使 U_i^* 反向,整流装置进入本桥逆变状态,而 U_i^*、U_{blr} 不变,当主回路电流减小并过零后,U_{blf}、U_{blr} 输出状态转换,U_{blf} 为"1"态,U_{blr} 为"0"态,即进入他桥制动状态,使电机降速至设定的转速后,再切换成正向运行。当 $U_g = 0$ 时,则电机停转。

反向运行时，U_{blf} 为 "1" 态，U_{blr} 为 "0" 态，主回路反组可控整流桥工作。

无环流逻辑控制器的输出取决于电机的运行状态，正向运转，正转制动本桥逆变及反转制动它桥逆变状态，U_{blf} 为 "0" 态，U_{blr} 为 "1" 态，保证了正桥工作，反桥封锁；反向运转，反转制动本桥逆变及正转制动他桥逆变阶段，则 U_{blf} 为 "1" 态，U_{blr} 为 "0" 态，正桥封锁，反桥工作。由于逻辑控制器的作用，在逻辑无环流可逆系统中保证了任何情况下两组整流桥不会同时触发，一组工作时，另一组被封锁，因此系统工作过程既无直流也无脉动环流。

5.5.3 实验挂箱及仪器

(1) LY101、LY102、LY103、LY104、LY105、LY121～LY124。

(2) 直流电动机-发电机-测速发电机组。

(3) 电阻箱、双踪示波器、光线示波器。

(4) 电抗器用电感 3。

5.5.4 实验内容

(1) 各控制单元调试。

(2) 系统调试。

(3) 正反转闭环机械特性 $n = f(I_d)$ 的测定。

(4) 正反转闭环控制特性 $n = f(U_g)$ 的测定。

(5) 系统的动态特性的观察。

5.5.5 实验步骤

1. 开关设置及单元调试

(1) LY105-1、LY105-2 脉冲选择在双窄脉冲。

(2) 触发电路的调试。用示波器观察触发脉冲双脉冲是否正常，观察三相锯齿波斜率是否一致，观察 6 个触发脉冲，应使其间隔均匀，相互间隔为 60°。

(3) 将给定 LY101 输出 U_g 直接接到触发电路控制电压 U_{ct} 处，调节偏移电压 U_p，使 $U_{ct} = 0$ 时，$\alpha = 90°$。

(4) 将 LY105 面板上的 U_{blf} 端接地，可在 LY123 观察 $VR_1 \sim VR_6$ 晶闸管的门极、阴极上的触发脉冲是否正常。

(5) 同样方法再试 LY105-2 工作是否正常，测试完毕后，必须将 U_{blf} 或 U_{blr} 的接地线断开。

2. 控制单元调试

(1) 单元部件调试方法与前相同。

(2) 对电平检测器的输出应有下列要求。

转矩极性鉴别器 DPT：

电机正转输出 U_T 为 "1" 态。

电机反转输出 U_T 为 "0" 态。

零电流检测器 DPZ：

主回路接近零，输出 U_Z 为 "1" 态。

主回路有电流，输出 U_Z 为 "0" 态。

（3）将 DPT 和 DPZ 的输出信号 U_T，U_z 分别接到 DLC 的输入端，将给定 U_g 及低压直流电源 DPT 和 DPZ 的输出信号改变电平检测器的输出，检查 DLC 的逻辑状态是否符合真值表。

（4）若发现系统运行不正常可调节 ASR、ACR 的 PI 调节器的积分电容电阻，使系统正常、稳定运行，或适当调整电位器 RP3 改变动态放大倍数直至系统稳定。

3. 正组桥、反组桥开环机械特性的测试

分别测出 $n=1000r/min$、$n=1500r/min$、$n=500r/min$ 的正反转机械特性，方法为改变 LY101 直接送给 LY105 的 U_{ct}，但任何时候，只允许把一路脉冲线接通。

4. 闭环控制特性 $n=f(U_g)$ 的测定

将控制回路和主回路均按图 5-19 接好，但注意，在任何时候，暂时只将一把脉冲线接通。

（1）测正组桥静特性时，只将正组桥脉冲线接通，反组桥暂断，测正转闭环控制特性 $n=f(U_g)$，若有异常，要排除故障。

（2）测反组桥静特性时，只将反组桥脉冲线接通，正组桥暂断，测反转闭环控制特性 $n=f(U_g)$，若有异常，要排除故障。

5. 可逆运行动态波形观察

（1）在步骤 4 的基础上，将两把脉冲线均接好，使系统在正反转启动，停止均正常。

（2）给定值阶跃变化，系统给定不经过给定积分环节，用双踪慢扫描示波器观察，并用光线示波器记录以下状态 I_d、n 的动态波形。（可从电流反馈、转速反馈观察），其阶跃变化为正向启动→正向停车→反向转动→反向切换到正向→正向切换到反向→反向停车。

（3）电机稳定运行于额定转速，U_g 不变，突加突减负载（$20\%I_{ed}\sim100\%I_{ed}$）时的电流 I_d、转速 n 的动态波形。

（4）改变 ASR、ACR 的参数，观察动态波形如何变化。若发现启动电流太小，可调整 ASR 的限幅；若发现机械特性太软，在正确整定 LY105 的偏置电压后，可适当放大 ACR 的正限幅；若发现制动电流太大或太小，可调整 ACR 的负限幅。

5.5.6 实验报告

（1）正组桥、反组桥开环机械特性的测试。

（2）闭环控制特性 $n=f(U_g)$ 的测定。

（3）记录可逆运行动态波形。

5.5.7 思考题

（1）电平检测器 DPT、DPZ 的继电特性怎样整定？

（2）如果 DLC 的输出状态不正确，将会对系统产生什么影响？

（3）如何操作才能获得四象限运行特性？

（4）在正、反向切换过程中，如果过流保护环节出现动作，试分析其原因。

第6章 交流调速系统实验

6.1 双闭环三相异步电动机调压调速系统

6.1.1 实验目的

（1）了解并熟悉双闭环三相异步电动机调压调速的原理及组成。

（2）了解绕线式异步电动机转子串电阻时在调节定子电压调速时的机械特性。

（3）通过测定系统静特性和动态特性进一步理解交流调压系统中电流环和转速环的作用。

6.1.2 实验原理

双闭环三相异步电动机调压调速系统的主回路为三相晶闸管交流调压电路及三相异步电动机。控制系统由电流调节器 ACR，速度调节器 ASR，电流反馈 BC，速度反馈 BS，触发电路等环节组成，其系统原理如图 6-1 所示。

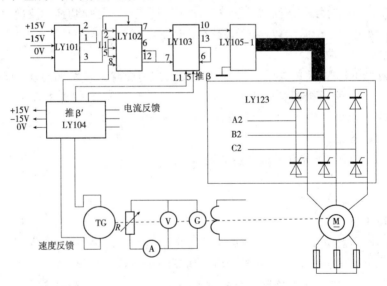

图 6-1 双闭环三相异步电动机调压调速系统原理图

整个调速系统采用了速度、电流两个反馈控制环，这里的速度环的作用基本上与直流调速系统相同，而电流环的作用则有所不同，在稳定运行的情况下，电流环对电网扰动仍有较大的抗干扰作用，但在启动过程中，电流环仅起限制最大电流的作用，不会出现最佳启动的恒流特性，也不可能使电机恒转矩启动。

异步电动机调压调速系统结构简单，采用双闭环系统时静差较小，且比较容易实现正反转，但在恒转矩负载下不能长时间低速运行，因低速运行时转差功率 $P_s = SP_m$ 全部消耗在转子电阻中，使转子过热。

6.1.3 实验挂箱及仪器

（1）LY101、LY102、LY103、LY105 - 1、LY121～LY124。

（2）双踪示波器、电阻箱、滑线电阻 400 欧 5A、万用表。

6.1.4 实验内容

（1）测定三相异步电动机人为机械特性。

（2）测定双闭环交流调速系统的静特性。

（3）测定双闭环交流调压调速系统的动态特性。

6.1.5 实验步骤

1. 开关设置，观察脉冲

（1）开关设置。LY105 触发电路脉冲选择"宽脉冲"。

（2）用示波器观察触发电路观察孔，此时的触发脉冲应是后沿固定，前沿可调的宽脉冲。

（3）将 LY101 给定直接接至 LY105 的 U_{ct}，调节偏移电压 U_p，使 $U_{ct} = 0$ 时，α 接近 $180°$。

（4）将 LY105 的 U_{blf} 接地，将脉冲线接到 LY123 的正组桥上，在正组桥 $VR_1 \sim VR_6$ 晶闸管的门极、阴极间观察宽脉冲是否正常。

2. 控制单元调试

调试方法与前相同。

3. 人为机械特性 $n = f(T)$ 的测定。

（1）系统开环，将给定输出直接接至 U_{ct}。

（2）增大 U_{ct}，使电机电压为额定电压 U_e，改变直流发电机的负载，测定机械特性 $n = f(T)$，转矩可按下式计算。

$$T_e = 9.55(I_G U_G + I_G R_S + P_Z)/n$$

式中：T_e 为三相异步电动机的电磁转矩；I_G 为负载电机主电流；U_G 为负载电机主电压；R_S 为负载回路电阻；P_Z 为 $10\% P_{ed}$。

（3）调节给定电压 U_g，降低电机端电压，在 $(2/3) U_e$ 及 $(3/4) U_e$ 时重复上述实验，以取得一组人为机械特性。

4. 系统调试

（1）调压器输出接三相电阻负载，观察输出电压波形是否正常。

（2）按原调试方法确定 ASR、ACR 的限幅值，电流转速反馈的极性及反馈系数。

（3）将系统接成双闭环调速系统，逐渐加给定 U_g 观察电机运行是否正常。调节 ASR、ACR 的外接电容及放大倍数（调节 RP3 电位器），用慢扫描示波器观察突加给定的动态波形，确定较宽的调节器参数。

5. 系统闭环特性的测定

（1）调节 U_g 使转速至 $n = 1400$r/min，从轻载按一定间隔加到额定负载，测出闭环静

特性 $n=f(T)$。

（2）测出 $n=1000r/min$ 及 $800r/min$ 时的系统闭环静特性 $n=f(T)$。

6. 系统动态特性的观察

用慢扫描示波器观察并用示波器记录。

（1）突加给定启动电机时转速 n，电机定子电流 I 的动态波形。

（2）电机稳定运行时，突加减负载（$20\%I_{ed}\sim100\%I_{ed}$）时的 n、i、U_g 的动态波形。

6.1.6　实验报告

（1）记录测定的三相异步电动机人为机械特性。

（2）记录测定的双闭环交流调速系统的静特性。

（3）记录双闭环交流调压调速系统的动态波形。

6.1.7　思考题

（1）三相绕线式异步电机转子回路串接电阻的目的是什么？不串电阻能否正常工作？

（2）双闭环三相异步电动机调压调速的工作原理是什么？

（3）双闭环三相异步电动机交流调压系统中电流环和转速环的作用是什么？

6.2　双闭环三相异步电动机串级调速系统

6.2.1　实验目的

（1）了解并熟悉双闭环三相异步电动机串级调速的原理及组成。

（2）掌握串级调速系统的调试步骤和方法。

（3）了解串级调速系统的静态与动态特性。

6.2.2　实验原理

绕线式三相异步电动机串级调速，即在转子回路中引入附加电动势进行调速，通常使用的方法是将转子三相电动势经二极管三相桥式不可控整流桥得到一个直流电压，再由晶闸管有源逆变电路代替电动势，从而方便地实现调速，并将能量回馈至电网，这是一种比较经济的调速方法。

本系统为晶闸管亚同步双闭环串级调速系统，控制系统由速度调节器 ASR，电流调节器 ACR，触发电路，速度反馈 BS，电流反馈 BC 等组成，其系统原理如图 6-2 所示。

6.2.3　实验内容

（1）控制单元及系统调试。

（2）测定开环串级调速系统的静特性。

（3）测定双闭环串级调速系统的静态特性。

（4）测定双闭环串级调速系统的动态特性。

6.2.4　实验挂箱及仪器

（1）LY101、LY102、LY103、LY105、LY121～LY124。

（2）双踪示波器、滑线电阻器、万用表。

（3）三相绕线式异步电动机、直流发电机、测速发电机组。

（4）电抗器用电感 3。

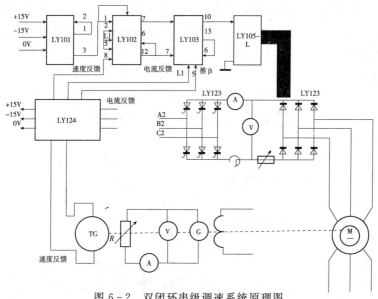

图 6-2 双闭环串级调速系统原理图

6.2.5 实验步骤

1. 脉冲开关设置及观察调节

(1) LY105 脉冲选择开关拨到"双窄脉冲"位置。

(2) 用示波器观察触发电路脉冲观察孔，此时的触发脉冲应为 60°的双窄脉冲。

(3) 将 LY101 输出 U_g 直接接到 LY105U_{ct} 处，调节偏移电压 U_p，$U_{ct}=0$ 时，$\beta=30°$。

(4) 将面板上的 U_{blf} 端接地，将正组脉冲线接好，观察正桥 $VR_1 \sim VR_6$ 晶闸管的触发脉冲是否正常。

2. 控制单元调试

(1) 电流调节器 ACR 的整定，将给定输出 U_g 与 ACR 的输入端相连，ACR 的输出端与触发电路的"U_{ct}"端相连，加正给定，调 ACR 负限幅电位器，使 ACR 输出为 0V，调整 U_p，使 $\beta=30°$，加负给定，调 ACR 正限幅，使 $\beta=90°$的位置。

(2) 速度调节器 ASR 的整定，与"直流调速系统"相同。

3. 开环系统静特性的测定

(1) 将系统接成开环串级调速系统，直流回路电抗器接 300mH 平波电抗器，即电感 3，将 LY124 二极管 $VD_1 \sim VD_6$ 接成三相不控整流桥，I 组桥作为逆变桥，逆变变压器采用 LY121 中 A1、B1、C1。

(2) 测定开环系统的静特性 $n=f(T_e)$，T_e 可按交流调压调速系统同样方法计算。

4. 系统调试

(1) 先确定 ASR、ACR 的限幅值，电流转速反馈的极性及反馈系数。

(2) 将系统接成双闭环串级调速系统，逐渐加给定 U_g，观察电机运行是否正常。β 应在 30°～90°之间移相。

(3) 调节 ASR、ACR 的外接电容及放大倍数（调节 RP3 电位器），用慢扫描示波器观察突加给定的动态波形，确定较宽的调节器参数。

5. 双闭环串级调速系统静特性的测定

测出 $n=1400\text{r/min}$、$n=1000\text{r/min}$ 及 500r/min 时的系统静特性 $n=f(T_e)$。

6. 系统动态特性的观察

用慢扫描示波器观察并用示波器记录。

（1）突加给定启动电机时转速 n，电机定子电流 I 的动态波形。

（2）电机稳定运行时，突加减负载（$20\%I_{ed}\sim100\%I_{ed}$）时的 n、i、U_g 的动态波形。

6.2.6 实验报告

（1）根据实验数据，画出开环，闭环系统静特性 $n=f(T_e)$ 并进行比较。

（2）根据动态波形、分析系统的动态过程。

6.2.7 思考题

（1）双闭环三相异步电动机串级调速的工作原理？

（2）β 变化范围是多少，为什么？

6.2.8 注意事项

（1）实验过程中应确保 β 在 $30°\sim90°$ 的范围内变化不得超过范围。

（2）逆变变压器为三相柱式变压器，其副边三相电压应对称。

$$U_2 = S_{min}/\cos\beta_{min} \times E_{20}$$

式中：S_{min} 为调速系统要求的最低速度的转差率；β_{min} 为逆变电路的最小逆变角，一般取 $30°$；E_{20} 为异步电动机转子回路开路线电压有效值。

第 7 章　全数字化调速实验系统

7.1　三相异步电动机变频调速系统

7.1.1　实验目的

（1）熟悉三相异步电机 VVVF 调速系统的组成及工作原理。

（2）掌握全数字化调速系统的操作方法。

（3）熟悉 SPWM 调制与空间矢量 PWM 调制方法。

（4）了解上升、下降时间及转矩提升对系统的影响。

7.1.2　实验原理

正弦脉宽调制（SPWM），就是与正弦波形等效的一系列等幅不等宽的矩形脉冲波形，如图 7-1 所示。等效的原则是每一区间的面积相等。如果把一个正弦半波分做 N 等分［在图 7-1（a）中 N＝10］，然后把每一等分的正弦曲线与横轴所包围的面积都用一个与此面积相等的矩形脉冲来代替，矩形脉冲的幅值不变，各脉冲的中点与正弦波每一等分的中点重合［图 7-1（b）］。这样，由 N 个等幅不等宽的矩形脉冲所组成的波形就与正弦波的半周等效，称作 SPWM 波形，同样，正弦波的负半周也可用相同的方法与系统负脉冲波等效。

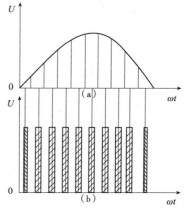

图 7-1　正弦脉宽调制原理

为分析方便起见，认为异步电机定子绕组 Y 连接，其中点 O 与整流器输出端滤波电容器的中点 O 相连，因而当逆变器任一相导通时，电机绕组上所获得的电压为 $U_S/2$。

单极式 SPWM 波形（图 7-2），是由逆变器上桥臂中一个功率开关器件反复导通和关断形成的。其等效正弦波为 $U_m\sin\omega_1 t$，而 SPWM 脉冲序列波动幅值为 $U_S/2$，各脉冲不等宽，但中心间距相等，都等于 π/n，n 为正弦波半个周期内的脉冲数。令第 i 个矩形脉冲的宽度为 δ_i，其中心点相位角为 θ_i，则根据面积等效的等效原则，可写成

$$\delta_i \frac{U_S}{2} = U_m \int_{\theta_i - \frac{\pi}{2n}}^{\theta_i + \frac{\pi}{2n}} \sin\omega_1 t\, d(\omega_1 t)$$

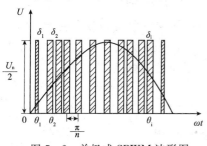

图 7-2　单极式 SPWM 波形图

$$= U_{\mathrm{m}} \left[\cos\left(\theta_{\mathrm{i}} - \frac{\pi}{2n}\right) - \cos\left(\theta_{\mathrm{i}} + \frac{\pi}{2n}\right) \right]$$

$$= U_{\mathrm{m}} \sin\frac{\pi}{2n} \sin\theta_{\mathrm{i}}$$

当 n 的数值较大时，$\sin\dfrac{\pi}{2n} \approx \dfrac{\pi}{2n}$ 于是

$$\delta_{\mathrm{i}} \approx \frac{2\pi U_{\mathrm{m}}}{n U_{\mathrm{S}}} \sin\theta_{\mathrm{i}}$$

这就是说，第 i 个脉冲的宽度与该处正弦波值近似成正比。因此，与半个周期正弦波等效的 SPWM 波是两侧窄、中间宽、脉宽按正弦规律逐渐变化的序列脉冲波形。

通常说 SPWM 控制主要着眼于使逆变器输出电压尽量接近正弦波，或者说，希望输出 PWM 电压波形的基波成分尽量大，谐波成分尽量小。至于电流波形，则还会受负载电路参数的影响。电流跟踪型控制则直接着眼于输出电流是否按正弦变化，这比只考查输出电压波形是进了一步。然而异步电机需要输入三相正弦电流的最终目的是在空间产生圆形旋转磁场，从而产生恒定的电磁转矩。如果对准这一目标，把逆变器和异步电机视为一体，按照跟踪圆形旋转磁场来控制 PWM 电压，其效果一定会更好。这样的控制方法就叫做"磁链跟踪控制"，又称"电压空间矢量控制"。电压空间矢量是按照电压所加绕组的空间位置来定义的。在图 7-3 中，A、B、C 分别表示在空间静止不动的电机定子三相绕组的轴线，它们在空间互差 120°，三相定子相电压 U_{AO}、U_{BO}、U_{CO} 分别加在三相绕组上，可

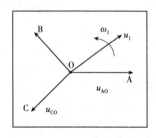

图 7-3　空间矢量形成原理图

以定义三个电压空间矢量 U_{AO}、U_{BO}、U_{CO}，它们的方向始终在各相的轴线上，而大小则随时间按正弦规律做脉动式变化，时间相位互差 120°。与电机原理中三相脉动磁动势相加产生合成的旋转磁动势相仿，可以证明，三相电压空间矢量相加的空间矢量 U_1 是一个旋转的空间矢量，它的幅值不变，是每相电压值 3/2 倍，当频率不变时，它以电源角频率 ω_1 为电气角速度作恒速度同步旋转，哪一相电压为最大值时，合成电压矢量 u_1 就落在该相轴线上，如图 7-3 所示。

当转速不是很低时，定子电阻压降较小，可以忽略不计，则定子电压与磁链的近似关系为

$$u_1 = \frac{\mathrm{d}\psi_1}{\mathrm{d}t}$$

式中：u_1 为定子三相电压合成空间矢量；ψ_1 为定子三相磁链合成空间矢量。

上式表明，电压空间矢量 u_1 的大小等于 ψ_1 的变化率，移动方向与电机磁链矢量的运动方向一致，因此，对三相逆变器而言控制电压矢量就是可以控制磁链轨迹和速率，在电压矢量的作用下，磁链越接近圆，电机脉动转矩就越小，运行性能就越好。

7.1.3　实验内容

（1）观察输出电压与电流的波形。

（2）系统运行参数设定及修改，观察这些参数对系统的影响。

（3）VVVF 调速系统静特性测试。

（4）改变上升下降时间，观察系统启、制动过程。

（5）转矩提升对低速性能的影响。

（6）比较 SPWM 和空间矢量 SVPWM 调制方法、输出电压的差异。

（7）观察 SPWM 和 SVPWM 的频谱特性。

7.1.4　实验挂箱及仪器

（1）LY125。

（2）双踪示波器、存储示波器、滑线电阻器、万用表。

（3）三相鼠笼式异步电动机、直流发电机、测速发电机。

（4）转速表，交流电流表，交流电压表。

7.1.5　实验步骤

1. 参数设定

（1）接通电源，电源指示灯亮，数码管显示"r000"，确认 UVW 端接的是交流电机。

（2）按"P"键，显示"r000"，表示设定 0 号参数，按"↑"键，参数号增加，按"↓"键参数号减小，选择合适的参数号后，按"P"键，即显示参数的当前值，可修改当前值，按"上升"或"下降"键，即可修改参数，数值修改完毕后，按"P"键，表示确认设定值。同时设定其他必要参数，设定完后按"P"键退出设定状态。

（3）缺省设定参数。开机后，若不设定参数，则系统按缺省值运行。

缺省值：频率 50Hz　　　上升时间 10s　　　下降时间 10s

　　　　转矩提升 0　　　跟踪参量 1：0　　　跟踪参量 2：1

　　　　异步调制（设定频率 3kHz）　　　调制方式：SPWM

　　　　键盘给定：0（键盘有效）

（4）设定参数限幅。设定参数达到限幅值（如输出电压、电流、频率、转矩等）。

即到达上限时，"↑"无效，达到下限时"↓"无效。

2. 系统运行

按"运行/停止"键，按照设定的上升时间加速，达到给定频率后，稳速运行。在运行状态时，按"运行/停止"键，系统按照给定的下降时间减速，达到最低频率后，停止运行。

3. 调速

频率给定可以在运行时在线修改，其他参数只能在停止状态下修改。

（1）键盘设定。当键盘设定有效时，按"P"键，显示"r000"，用"↑"或"↓"修改 P 参数值，再按"P"键，进入此参数数值修改，用"↑"或"↓"修改值，修改完毕后，再按"P"键退出参数值设置。P052 是频率设定参数，进入参数值设定后，按此频率运行。

（2）给定电位器有效时，旋转电位器，运行频率将随之发生变化。

4. 故障恢复

故障恢复系统具有过流、短路、欠压、过热保护，若运行中出现故障将封锁 PWM 输出，显示"FXXX"，待电机停止后，按"故障复位"键，系统复位。若再次出现故障，应请专业人员检修。具体故障见表 7-1。

表 7 - 1　　　　　　　　　　故 障 参 数 表

F000	瞬时过流报警			
F001	过压报警			
F002	欠压报警			
F003	散热片过热报警			
F004	IGBT 报警			
F005	预充电继电器未吸合			
F006	过载报警			

5. 显示数据

按"P"键，可以改变显示数据。开机时，显示"r000"，r000 是输出频率。用"↑"或"↓"修改 P 参数值，再按"P"键，进入相应参数值的显示。

具体参数设定见参数表 7 - 2 和表 7 - 3。

表 7 - 2　　　　　　　　　　变 频 器 参 数 设 置 表

参数	参数名称	参数功能	设定范围	出厂值	变量
P000	输出频率显示	实际运行频率		0	sp _ temp
P001	命令源选择	0：操作面板个定 1：端子给定	0～1	0	command _ source
P002	频率设定方式选择	0：操作面板个定 1：端子给定 2：模拟量给定	0～2	0	f _ set _ mode
P003	电机停车方式	0：减速停车 1：自由停车 2：制动停车	0～2	1	stop _ mode
P004	电源相位	0：不反相 1：反相	0～1	0	voltage _ phase
P005	禁止反向运行	0：允许反向 1：禁止反向	0～1	0	rotate _ direction
P006	输入电压	定变频器输入电压	0～450	380	voltage _ input
P007	最大输出频率	变频器最大输出频率	0～180	50	f _ output _ max
P008	最大频率输出使能	变频器最大电压输出使能 0：不使能 1：使能	0～1	0	f _ output _ max _ enable
P009	最小输出频率	变频器最小输出频率	0～10	0	f _ output _ min
P010	最小频率输出使能	变频器最大电压输出使能 0：不使能 1：使能	0～1	0	f _ output _ min _ enable

参数	参数名称	参数功能	设定范围	出厂值	变量
P011	加速度时间1	频率给定斜坡上升时间	0~3600	30	rise_time
P012	减速度时间1	频率给定斜坡下降时间	0~3600	30	down_time
P013	VF曲线选择	选择VF曲线	0~14	0	v_f_curve
P014	可编程VF曲线选择	0：不使能可编程VF曲线 1：使能可编程VF曲线	0~1	0	v_f_enable
P015	可编程VF曲线频率坐标1		0~100	0	point_1_1
P016	可编程VF曲线电压坐标1		0~380	0	point_1_2
P017	可编程VF曲线频率坐标2		0~100	0	point_2_1
P018	可编程VF曲线电压坐标2		0~380	0	point_2_2
P019	可编程VF曲线频率坐标3		0~100	0	point_3_1
P020	可编程VF曲线电压坐标3		0~380	0	point_3_2
P021	转矩提升选择	0~20Hz以前提升	0~39	0	torque_boost_mode
P022	频率指令1	端子输入	0~100	0	f_command_1
P023	频率指令2	端子输入	0~100	0	f_command_2
P024	频率指令3	端子输入	0~100	0	f_command_3
r025	模拟量给定信号源	0：通道1 1：通道2	0~1	0	terminal_1
P026	PID输入信号源	0：通道1 1：通道2	0~1	1	terminal_2
P027	恢复出厂值	0：不恢复 1：恢复	0~1	0	terminal_3
r028	模拟量输入选择	0：0~10V 1：4~20mA	0~1	0	analoginput
P029	载波频率		1000~6000	3000	carrial_f
P030	瞬时掉电处理方法	0：参数从新设置 1：自启动	0~1	1	shunshilost
P031	制动脉冲占空比	PWM输出占空比百分比	20~50	0	zhankongbi
P032	PID选择	0：不使能 1：使能	0~1	0	PID_S
P033	比例增益		0~255	0	bilizengyi
P034	积分时间		0~100	0	integretime
P035	微分时间		0~100	0	digretime
P036	退饱和系数		0~1		kc_num
P037	积分上限		0~180		PIDout_up
P038	积分下限		0~10		PIDout_down

续表

参数	参数名称	参数功能	设定范围	出厂值	变量
P039	通讯故障停机方法	0：自由停车 1：减速停车 2：制动停车	0～2	1	comm _ error _ mode
P040	过载保护使能	0：不使能 1：使能		0	overload _ mode
P041	过载保护时间	0～8min		0	overload _ time
P042	电机额定电压		0～450	380	voltage _ rated
P043	电机额定电流		0～400	0	current _ rated
P044	电机额定功率		0～200	0	power _ rated
P045	电机功率因数		0～1	0	motorgonglv
P046	电动机额定转速		0～3000	1500	motor _ speed

表 7 - 3　　　　　　　　　　只　读　参　数　表

r047	变频器输出电流		0～400		
r048	变频器母线电压		0～800		
r049	变频器输出电压		0～380		
r050	正反转		0～1		
P051	功率设定		0～200	0	old _ power _ set
r052	实际频率输出				

6. SPWM 调制 VVVF 调速系统

接线方式如图 7 - 4 所示。

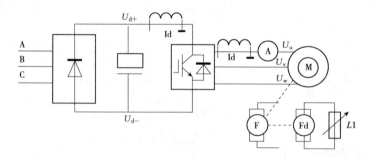

图 7 - 4　VVVF 调速系统主回路接线图

（1）静特性测试。按操作说明给定频率，将滑线电阻器电阻放到最大，然后启动交流电机运转。逐渐减小滑线变阻器阻值，观察电流和转矩的变化，记录转速和直流发电机电流，在 20％～100％额定电流范围内取 4～5 组数据，给出在某一频率下静特性曲线。

（2）启制动过程。用示波器观察起制动过程，也可以用示波器直接接到测速电机电压输出端，以观察其制动过程。

改变上升和下降时间，观察起制动波形。重复上述实验过程。

（3）转矩提升的作用。在低频段，5～15Hz 时，改变转矩提升值，按静特性测试方法来进行实验，比较不同的转矩提升值时对系统的影响。

（4）用示波器观察不同频率下电流波形。

（5）用存储示波器存储输出电压波形，然后观察脉冲宽度的变化。

（6）用示波器观察三相电压调制波。

（7）用示波器观察两相电压调制波。

（8）用频谱分析仪，分析输出频谱，比较基波与高次谐波的比值。

（9）记录不同频率时，输出基波电压的幅值。

7. SVPWM 调制 VVVF 系统

采用 SVPWM 调制方式重复以上实验。

7.1.6 实验报告

（1）作出输出电流与电动机转速之间的关系曲线 $I = f(n)$。

（2）记录在负载条件下频率为 40Hz 时的输出电流波形、输出电压波形并分析说明。

7.1.7 思考题

（1）VVVF 变频调速装置的基本结构及原理。

（2）在 $U = f(f)$ 曲线上分析 VVVF 控制为何在改变频率的同时也改变电压？

7.2 直流 PWM 可逆调速系统

7.2.1 实验目的

（1）了解并熟悉直流 PWM 可逆调速的原理及组成。

（2）掌握全数字化调速系统的操作方法。

（3）比较转速调节器，电流调节器参数对系统的影响。

（4）熟悉 H 桥的构成及单极 PWM 调制基本原理。

7.2.2 实验原理

主电路采用桥式 PWM 变换器 H 桥，直流电机与电感串联后，接至 U，V 端子。PWM 驱动信号由 87C196MC16 位单片微机产生，采用数字式 PI 调节器，构成转速、电流双闭环可逆系统。PWM 调制方法采用单极性方式，正转时，VT_4 导通，VT_1 调制，VT_2、VT_3 截止；反转时，VT_2 导通，VT_3 调制，VT_1、VT_4 截止。改变转速给定极性时，系统具有自动反转功能。

数字 PI 调节器

$$U(K+1) = U(K) + K_I e(K-1) + K_P [e(K+1) - e(K)]$$

式中：U 为调节器输出；e 为偏差；K_P 为比例系数；K_I 为积分系数。

7.2.3 实验挂箱及仪器

（1）LY125。

（2）双踪示波器。

（3）滑线电阻器。

（4）万用表。

（5）直流发电机、测速发发电机、直流电动机。

（6）转速表，直流电流表，直流电压表。

7.2.4　实验内容

（1）观察直流输出电压与电流。

（2）转速调节器，电流调节器的作用，参数对系统的影响。

（3）直流 PWM 调速系统静特性测试。

（4）直流 PWM 调速系统动态测试。

7.2.5　实验步骤

1. 参数设定

（1）接通电源，显示 "dc"，确认 UV 端接直流电动机，按 "确认" 键。

（2）操作方法同 VVVF 调速系统一样，可参照进行。

（3）保存或读入设定参数同 VVVF 调速系统一样，可参照进行。

（4）省缺设定。

转速给定：1500r/min。

跟踪参数 1：0。

跟踪参量 2：0。

转速调节器比例系数：75。

转速调节器积分系数：25。

转速调节器限幅：13（$1.0I_e$）。

电流调节器比例系数：30。

电流调节器积分系数：50。

电流调节器限幅：13（$1.3U_e$）。

给定方式：0（键盘有效）。

（5）参数限幅同 VVVF 调速系统。

2. 系统运行

按 "运行/停止" 键，即可运行或停止。

3. 调速

键盘设定和电位器设定同 VVVF 系统一样，可参照进行。

4. 反向

按正、反转开关，即可改变给定极性，可以在运行时进行切换。

5. 故障恢复

同 VVVF 系统一样可参照进行。

6. 显示数据

开机显示转速，按切换键，显示转速给定，再按一次，显示电流，如此往复循环。

7. 实验测试

（1）接线方式如图 7-5 所示。

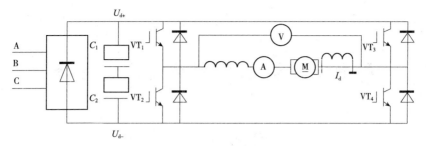

图 7-5 主回路接线图

（2）静特性测试。同 VVVF 系统一样，可参照进行。

（3）启动过程。同 VVVF 系统，用存储示波器观察。

（4）反向过程：拨动正、反转开关，用存储示波器观察，转速和电流的过渡过程。

（5）调节器参数对系统的影响。改变转速，电流调节器参数，重复静动态特性测试。

（6）记录不同转速和不同负载时，电压和电流值。

7.2.6 实验报告

（1）数字式 PI 调节器设计。

（2）绘制不同转速下的机械特性。

（3）用存储示波器记录动态过程，并用绘图仪绘制波形，包括启制动、反向、突加减负载的过渡过程曲线。

7.2.7 思考题

（1）PWM 可逆调速系统基本原理及系统结构图。

（2）H 桥单极性调制方式基本原理。

（3）采用数字化控制有什么优点？

第8章 运动控制系统课程设计

结合电气类相关专业课程的内容，制定出符合本专业特点的课程设计内容，使高年级本科生在课程设计过程中，把所学的专业课纵向、横向紧密联系，强化对所学专业课程的理解，提高理论分析及系统设计能力。

针对运动控制系统，制定的课程设计内容是双闭环直流调速系统。通过课程设计，使学生进一步巩固、深化和扩充直流调速及相关课程方面的基本知识、基本理论和基本技能，培养学生独立思考、分析和解决实际问题的能力，使学生熟悉设计过程，了解设计步骤，掌握设计方法，培养学生工程绘图和编写设计说明书的能力，为学生今后从事相关方面的实际工作打下良好基础。

8.1 课程设计题目及设计要求

1. 设计题目：十机架连轧机分部传动直流调速系统的设计

在冶金行业中，轧制过程是金属压力加工的一个主要工艺过程，连轧是一种可以提高劳动生产率和轧制质量的先进方法，连轧机则是冶金行业的大型设备。其主要特点是被轧金属同时处于若干机架之中，并沿同一方向进行轧制，最终形成一定的断面形状。每个机架的上下轧辊共用一台电机实行集中拖动，不同机架采用不同电机实行部分传动，各机架的轧辊之间的速度实现协调控制。

2. 基本数据

十机架连轧机的每个机架对应一套直流调速系统，由此形成 10 个部分，各部分电动机参数如表 8-1 所示。

表 8-1   各 部 分 电 动 机 参 数

机架序号	电机型号	额定功率	额定电压	额定电流	额定转速	电枢电阻	飞轮惯量	极对数	励磁电阻
		P_n (kW)	U_n (V)	I_n (A)	n_n (r/min)	R_a (Ω)	GD_a^2 (N·m²)	P	R_f (Ω)
1	Z2-92	67	230	291	1450	0.2	68.60	1	181.5
2	Z2-91	48	230	209	1450	0.3	58.02	1	181.5
3	Z2-82	35	230	152	1450	0.4	31.36	1	181.5
4	Z2-81	26	230	113	1450	0.5	27.44	1	181.5
5	Z2-72	19	230	82.55	1450	0.7	11.76	1	181.5
6	Z2-71	14	230	61	1450	0.8	9.8	1	181.5
7	Z2-62	11	230	47.8	1450	0.9	6.39	1	181.5

续表

机架序号	电机型号	额定功率 P_n (kW)	额定电压 U_n (V)	额定电流 I_n (A)	额定转速 n_n (r/min)	电枢电阻 R_a (Ω)	飞轮惯量 GD_a^2 (N·m²)	极对数 P	励磁电阻 R_f (Ω)
8	Z2-61	8.5	230	37	1450	1.0	5.49	1	181.5
9	Z2-52	6	230	26.1	1450	1.1	3.92	1	181.5
10	Z2-51	4.2	230	18.25	1450	1.2	3.43	1	181.5

（1）电枢回路等效电阻取 $R=2R_a$；总飞轮力矩 $GD^2=2.5GD_a^2$。

（2）参阅教材中"双闭环调速系统调节器的工程设计举例"的数据，未知数据可由电机参数推导得出。

（3）励磁回路两端电压为 200V，在恒定磁而励磁电感取 0，空载时摩擦系数（B_m）设置为 0。

3. 设计要求

（1）调速系统性能指标为

1）调速范围 $D=10$，静差率 $S\leqslant5\%$。

2）稳态指标：稳态无静差，电流脉动系数 $S_i\leqslant10\%$。

3）动态指标：电流超调量 $\sigma_i\leqslant5\%$；启动到额定转速时的转速退饱和超调量 $\sigma_n\leqslant10\%$。

4）抗扰性能：在负载波动±70%时，$\Delta n_{max}\%\leqslant15\%$，恢复时间 $t_v\leqslant400ms$。

（2）要求系统具有过流和过压保护。

（3）要求对拖动系统设置给定积分器。

8.2 课 程 设 计 内 容

1. 调速方案的选择

（1）直流电动机的选择（根据表8-1按小组顺序选择电动机型号）。

（2）电动机供电方案的选择（要求通过方案比较后，采用晶闸管三相全控桥整流器供电方案）。

（3）系统的结构选择（要求通过方案比较后，采用转速电流双闭环系统结构）。

（4）确定直流调速系统的总体结构框图。

2. 主电路的计算（可参考"电力电子技术"中有关主电路计算的章节）

（1）整流变压器计算。二次侧电压计算；一、二次侧电流的计算；容量的计算。

（2）晶闸管元件的选择。晶闸管的额定电压、电流计算。

（3）晶闸管保护环节的计算。①过电压保护；②过电流保护。

（4）平波电抗器计算。

3. 触发电路的选择与校验（可参考"电力电子技术"中有关触发电路的章节）

选用集成触发芯片，要求产生双窄脉冲，并画出触发电路连接图。

4. 控制电路设计计算

控制电路设计计算主要包括：给定环节电路的设计计算、转速检测环节和电流检测环节电路的设计计算、调速系统的静态参数计算（可参考教材有关内容）等。

5. 双闭环直流调速系统的调节器设计

主要设计转速调节器和电流调节器，包括电路设计及参数计算，可参阅教材中"双闭环调速系统调节器的工程设计举例"的有关内容。

8.3　系 统 的 计 算 机 仿 真

1. 仿真方式要求

对所设计的系统进行计算机仿真实验，用 Power System 模块的调速系统的仿真方法（必做），也可用调速系统动态结构框图的仿真方法（选做）。

2. 仿真及其测试要求

（1）MATLAB 仿真搭建。

1）主电路用晶闸管单元搭建，触发器可用自己设计或用原有模块。

2）电机模型可用 Simulink 提供的模型。

3）搭建系统尽可能接近真实。

（2）根据所设计的调节器参数，对以下各项内容进行仿真及实验测试。

1）突加给定使 $n=500\text{r/min}$。

2）突加负载（$50\%I_n$）。

3）电网扰动（$-10\%U_2$）。

4）分别观察记录以上几种情况下 n、I_d、U_i、U_c 等的波形，并记录各个量稳定运行时的数值。

5）静特性测试，负载加至 $50\%I_n$ 和 $100\%I_n$，分别测试 $n=1500\text{r/min}$ 和 $n=300\text{r/min}$ 的静特性 $n=f(I_d)$。

（3）调整转速调节器和电流调节器的 PI 参数，观察不同的 PI 参数对系统性能的影响。

（4）分析转速调节器输出限幅在系统启动过程中所起的作用，如取不同的限幅值会对系统性能产生什么影响？

8.4　课程设计提交的成果材料

（1）设计说明书一份，与任务书一并装订成册，包括：①前言；②目录；③调速的方案选择；④主电路的计算；⑤触发电路的选择与校验；⑥控制电路设计计算；⑦双闭环直流调速系统的动态设计；⑧系统的计算机仿真；⑨附录和参考文献（格式参考范例）。

（2）直流调速系统电气原理总图一份（用 A3 图纸绘制）。

（3）仿真模型和仿真结果清单。

（4）要求：在说明书中所论述的测试方法正确，仿真数据准确，计算步骤清晰，记录仿真实验波形完整并分析说明，同时书写工整，绘图整洁。

第9章 模块化电力电子技术综合实训平台

9.1 实训平台特点

该实训平台基于模块化的设计理念，采用网孔板＋模块化元件＋透明可视化设计，将电力电子基本变换电路模块化，具有模块化、积木式、组合式、开放式、可扩展的特点，使学生可以根据不同的实验需求选取相应模块自由定制电力电子电路结构，使得学生能接触到实际的电路元件，提高学生电力电子变换器设计能力、电路分析能力，增强学生的动手能力，强化了实验装置的可操作性。

9.2 电力电子基本模块

1. SPWM 控制模块

SPWM 控制模块（图 9－1）用于实现频率可调的三相 SPWM 波输出，为三相桥式逆变电路提供 SPWM 控制信号。通过该单元能够观测到等腰三角形载波；频率可变的三相正弦调制波。SPWM 控制模块功能描述见表 9－1。

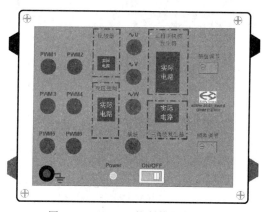

图 9－1 SPWM 控制模块外观图

表 9－1   SPWM 控制模块功能描述

标识	功能描述	备　注
电源	24VDC1A	
PWM1	上桥臂 PWM1 控制信号输出接口	

续表

标识	功能描述	备　注
PWM2	下桥臂 PWM2 控制信号输出接口	
PWM3	上桥臂 PWM3 控制信号输出接口	
PWM4	下桥臂 PWM4 控制信号输出接口	
PWM5	上桥臂 PWM5 控制信号输出接口	
PWM6	下桥臂 PWM6 控制信号输出接口	
GND	信号参考地	
~U	U 相调制波测量接口	
~V	V 相调制波测量接口	
~W	W 相调制波测量接口	
调制波频率	调制波频率调节旋钮	三相正弦调制波频率 20～200Hz 可调。（初始值：50Hz）
载波频率	载波频率调节旋钮	载波频率 5～20kHz 可调。（初始值：5kHz）
Power	电源指示灯	模块上电时亮起
ON/OFF	模块电源开关	拨向左端，模块上电

2. PWM 控制模块

PWM 控制模块（图 9-2）以 SG3525A 为核心，用于实现占空比、频率可调的 PWM 波输出，为 IGBT 或 MOSFET 提供门极控制信号。通过该模块能够观测到锯齿形载波；幅度可变的调制波。控制方式分为开环和闭环。PWM 控制模块功能描述见表 9-2。

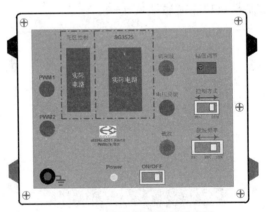

图 9-2 PWM 控制模块外观图

表 9-2　　　　　　　　　　　　　　　**PWM 控制模块功能描述**

标识	功能描述	备　注
电源	24VDC1A	
PWM1	PWM1 控制信号输出接口	
PWM2	PWM2 控制信号输出接口	

标识	功能描述	备　注
GND	信号参考地	
调制波	调制波测量接口	
电压反馈	电压反馈接口	
载波	载波测量接口	
幅值调节	幅值调节旋钮	电平调制波幅值可调
控制方式	开环或闭环控制方式选择开关	选择闭环控制时，须将电压反馈信号连接于"电压反馈"接口上
输出模式	模式 1：对应开环时 PWM 输出方式 模式 2：对应闭环时 PWM 输出方式	与"控制方式"开关配合使用
载波频率	载波频率选择开关	载波频率 5kHz、10kHz、20kHz 三档可选
Power	电源指示灯	模块上电时亮起
ON/OFF	模块电源开关	拨向左端，模块上电

3. IGBT 半桥模块

该模块由 IGBT、带光耦隔离的驱动电路、放大电路以及保护电路构成，如图 9-3 所示。IGBT 半桥模块功能描述见表 9-3。

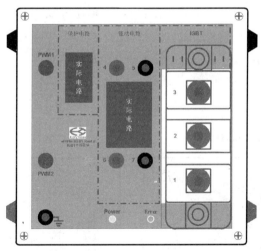

图 9-3　IGBT 半桥模块外观图

表 9-3　　　　　　　　　　　　**IGBT 半桥模块功能描述**

标识	功能描述	备　注
电源	24VDC1A	
PWM1	上桥臂 PWM 控制信号输入接口	
PWM2	下桥臂 PWM 控制信号输入接口	

续表

标识	功能描述	备　注
GND	信号参考地	
4	上桥臂 IGBT 栅极信号测试点	上下桥臂不可同时测量
5	上桥臂 IGBT 栅极信号测试点参考地平面	上下桥臂不可同时测量
6	下桥臂 IGBT 栅极信号测试点	上下桥臂不可同时测量
7	下桥臂 IGBT 栅极信号测试点参考地平面	上下桥臂不可同时测量
3	上桥臂 IGBT 集电极接口	
2	下桥臂 IGBT 发射极接口	
1	上下桥臂公共连接端接口	
Power	电源指示灯	模块上电时亮起
Error	故障指示灯	模块处于故障时亮起，同时处于保护状态

4. 整流滤波模块

该模块包含整流二极管、压敏电阻、滤波电感和电容，均为分立元件，构成不可控整流桥和滤波电路。该模块有两种电路结构，如图 9-4 所示。

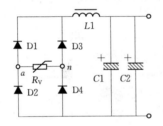 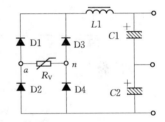

图 9-4　整流滤波模块原理图

图 9-5 为该模块的外观图。

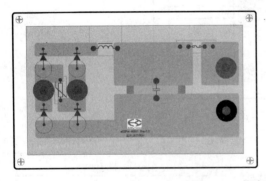 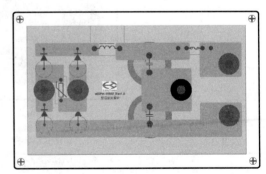

图 9-5　整流滤波模块外观图

5. 续流二极管模块

该模块包含两个肖特基二极管，如图 9-6 所示。

6. 整流二极管模块

该模块包含两个整流二极管，如图9-7所示。

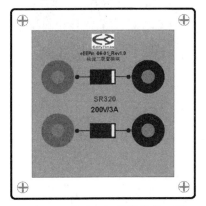

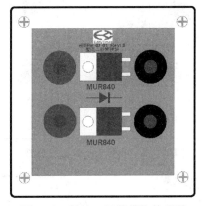

图9-6　续流二极管模块外观图　　　　图9-7　整流二极管模块外观图

7. 电感模块

该模块包含一个50mH/2A的电感和一个5mH/2A的电感，如图9-8所示。

8. 电容模块

该模块包含两个470μF/250V的电解电容，如图9-9所示。

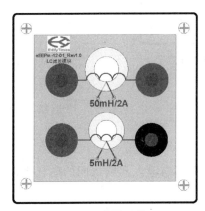

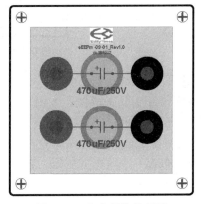

图9-8　电感模块外观图　　　　　图9-9　电容模块外观图

9. 单相滤波模块

该模块包含一套RC滤波电路和一套LC滤波电路，均是独立的分立元件，可用于单相全桥逆变电路输出端的滤波电路，如图9-10所示。

10. 三相滤波模块

该模块包含三套LC滤波电路，均是独立的分立元件，可用于三相桥式逆变电路输出端的滤波电路，如图9-11所示。

11. LC滤波模块

该模块包含一套LC滤波电路，均是独立的分立元件，可用于直流电源电路输出端的滤波电路，如图9-12所示。

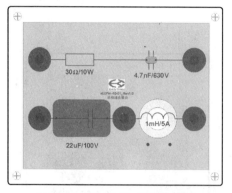

图 9-10　单相滤波模块外观图

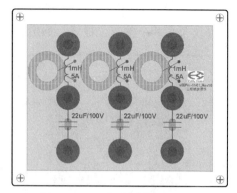

图 9-11　三相滤波模块外观图

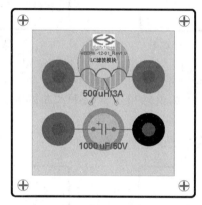

图 9-12　LC 滤波模块外观图

12. 电压采样电阻模块

该模块包含 2 个高精度、大阻值采样电阻，用于采集电压信号，均是独立的分立元件，如图 9-13 所示。

13. 隔离变压器模块

该模块包含一个隔离变压器，在 DC/DC 电路中作为输入和输出间的电气隔离，是独立的分立元件，如图 9-14 所示。

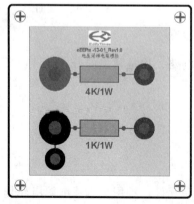

图 9-13　电压采样电阻模块外观图

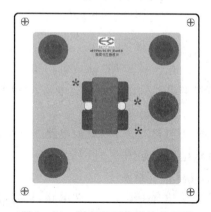

图 9-14　隔离变压器模块外观图

9.3 由基本模块组成的典型电力电子变换电路

1. 降压（Buck）斩波电路

降压斩波电路如图 9-15 所示。

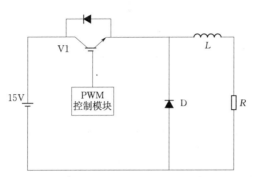

图 9-15 降压型斩波电路原理图

表 9-4 列出了构成降压斩波电路所用到的电力电子基本模块。

表 9-4   **降压斩波电路模块描述**

模块名称	元件组成	数量	备注
IGBT 半桥模块	V1-2：SKM 75GB123D 电源：24V，保险：0.25A	1	
续流二级管模块	D：SR320	1	
电感模块	L：50mH/2A	1	
PWM 控制模块	SG3525 电源：24V，保险：0.25A	1	
电阻负载	R：底柜负载箱		
24V 直流电源	底柜主电源箱		
15V 直流稳压源	底柜主电源箱		

图 9-16 给出了构成降压斩波电路的基本模块连线图。

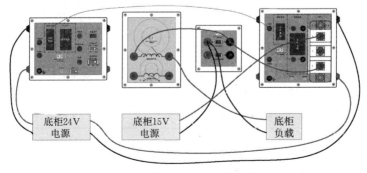

图 9-16 降压型斩波电路连线图

表 9-5 列出了降压斩波电路的模块参数设置值。

表 9-5　　　　　　　　　　　降压斩波电路模块参数设置

参数名称	设置值
控制方式	开环
载波频率	20kHz
输出模式	模式 1
电阻负载	100～500Ω

2. 升压（Boost）斩波电路

升压斩波电路如图 9-17 所示。

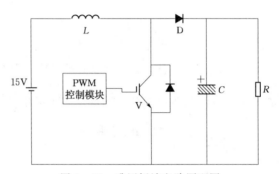

图 9-17　升压斩波电路原理图

表 9-6 列出了构成升压斩波电路所用到的电力电子基本模块。

表 9-6　　　　　　　　　　　升压斩波电路模块描述

模块名称	元件组成	数量	备注
IGBT 半桥模块	V：SKM 75GB123D 电源：24V，保险：0.25A	1	
续流二级管模块	D：SR320	1	
电感模块	L：50mH/2A	1	
电容模块	C：470μF/250V	1	
PWM 控制模块	SG3525 电源：24V，保险：0.25A	1	
电阻负载	R：底柜负载箱		
24V 直流电源	底柜主电源箱		
15V 直流电源	底柜主电源箱		

图 9-18 给出了构成升压斩波电路的基本模块连线图。

表 9-7 列出了升压斩波电路的模块参数设置值。

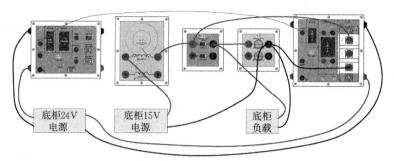

图 9 - 18　升压斩波电路连线图

表 9 - 7　　　　　　　　　　升压斩波电路模块参数设置

参数名称	设置值
控制方式	开环
载波频率	20kHz
输出模式	模式 1
电阻负载	500Ω

3. 升降压型（Buck - Boost）斩波电路

升降压斩波电路如图 9 - 19 所示。

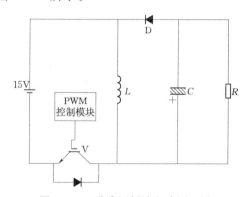

图 9 - 19　升降压斩波电路原理图

表 9 - 8 列出了构成升降压斩波电路所用到的电力电子基本模块。

表 9 - 8　　　　　　　　　　升降压斩波电路模块描述

模块名称	元件组成	数量	备注
IGBT 半桥模块	V：SKM 75GB123D 电源：24V，保险：0.25A	1	
续流二级管模块	D：SR320	1	
电感模块	L：50mH/2A L：5mH/2A	1	
电容模块	C：470μF/250V	1	

115

模块名称	元件组成	数量	备注
PWM 控制模块	SG3525 电源：24V，保险：0.25A	1	
电阻负载	R：底柜负载箱		
24V 直流电源	底柜主电源箱		
15V 直流电源	底柜主电源箱		

图 9-20 给出了构成升降压斩波电路的基本模块连线图。

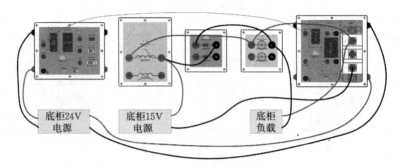

图 9-20　升降压斩波电路连线图

表 9-9 列出了升降压斩波电路的模块参数设置值。

表 9-9　　　　　　　　　　　升降压斩波电路模块参数设置

参数名称	设置值
控制方式	开环
载波频率	20kHz
输出模式	模式 1
电阻负载	500Ω

4. 单相半桥逆变电路

单相半桥逆变电路如图 9-21 所示。

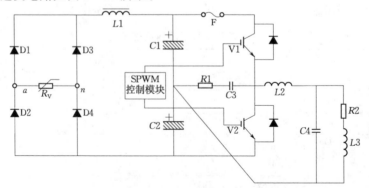

图 9-21　单相半桥逆变电路原理图

表9－10列出了构成单相半桥逆变电路所用到的电力电子基本模块。

表9－10　　　　　　　　　单相半桥逆变电路模块描述

模块名称	元件组成	数量	备注
IGBT 半桥模块	V1～2：SKM 75GB123D 电源：24V，保险：0.25A	1	
整流滤波模块	D1～4：6A10 R_V：10D151K L1：220μH/5A C1～2：470μF/250V F：5A	1	
SPWM 控制模块	CPU：STM32L151C8T6D 载波发生器：AD9837ACPZ－RL 电源：24V，保险：0.25A	1	
滤波模块	R1：30Ω/10W C3：4.7μF/630V L2：1mH/5A C4：22μF/100V	1	
电阻负载	R2：底柜负载箱		
电感负载	L3：底柜负载箱		
24V 直流电源	底柜主电源箱		
50V 交流电压源	底柜主电源箱		

图9－22给出了构成单相半桥逆变电路的基本模块连线图。

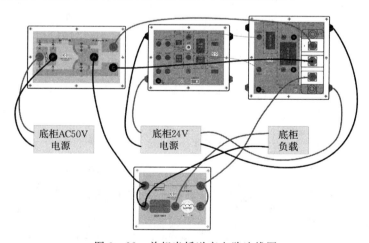

图9－22　单相半桥逆变电路连线图

表9－11列出了单相半桥逆变电路的模块参数设置值。

表 9 - 11　　　　　　　　　　　单相半桥逆变电路模块参数设置

参数名称	设置值
控制方式	开环
载波频率	5～20kHz 可调
输出模式	模式 1
电阻负载	100～500Ω

5. 单相全桥逆变电路

单相全桥逆变电路如图 9 - 23 所示。

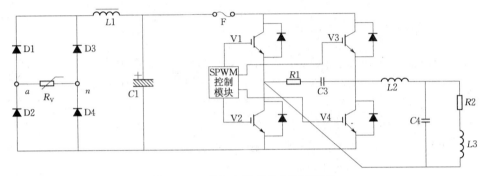

图 9 - 23　单相全桥逆变电路原理图

表 9 - 12 列出了构成单相全桥逆变电路所用到的电力电子基本模块。

表 9 - 12　　　　　　　　　　　单相全桥逆变电路模块描述

模块名称	元件组成	数量	备注
IGBT 半桥模块	$V1～4$：SKM 75GB123D 电源：24V，保险：0.25A	2	
整流滤波模块	$D1～4$：6A10 R_V：10D151K $L1$：220μH/5A $C1$：470μF/450V F：5A	1	
SPWM 控制模块	CPU：STM32L151C8T6D 载波发生器：AD9837ACPZ - RL 电源：24V，保险：0.25A	1	
滤波模块	$R1$：30Ω/10W $C3$：4.7μF/630 $L2$：1mH/5A $C4$：22μF/100V	1	
电阻负载	$R2$：底柜负载箱		
电感负载	$L3$：底柜负载箱		
24V 直流电源	底柜主电源箱		
50V 交流电压源	底柜主电源箱		

图9-24给出了构成单相全桥逆变电路的基本模块连线图。

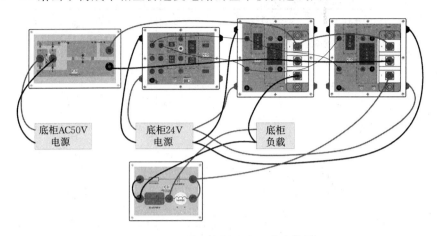

图9-24 单相全桥逆变电路连线图

表9-13列出了单相全桥逆变电路的模块参数设置值。

表 9-13   单相全桥逆变电路模块参数设置

参数名称	设置值
控制方式	开环
载波频率	5~20kHz 可调
输出模式	模式1
电阻负载	100~500Ω

6. 三相桥式逆变电路

三相桥式逆变电路如图9-25所示。

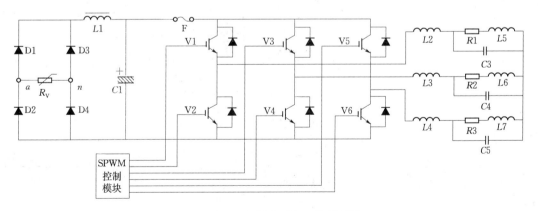

图9-25 三相桥式逆变电路原理图

表9-14列出了构成三相桥式逆变电路所用到的电力电子基本模块。

表 9 - 14　　　　　　　　　　　　三相桥式逆变电路模块描述

模块名称	元件组成	数量	备注
IGBT 半桥模块	V1～6：SKM 75GB123D 电源：24V，保险：0.25A	3	
整流滤波模块	$D1～4$：6A10 R_V：10D151K $L1$：220μH/5A $C1$：470μF/450V F：5A	1	
SPWM 控制模块	CPU：STM32L151C8T6D 载波发生器：AD9837ACPZ - RL 电源：24V，保险：0.25A	1	
三相滤波模块	$L2～4$：1mH/5A $C3～5$：22μF/100V	1	
电阻负载	$R1$、$R2$、$R3$：底柜负载箱		
24V 直流电源	底柜主电源箱		
50V 交流电压源	底柜主电源箱		

图 9 - 26 给出了构成三相桥式逆变电路的基本模块连线图。

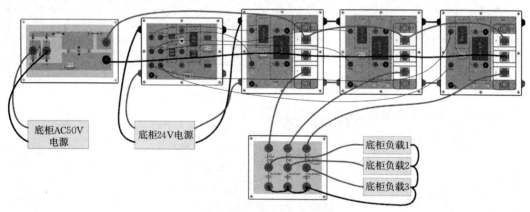

底柜AC50V电源

底柜24V电源

底柜负载1
底柜负载2
底柜负载3

图 9 - 26　三相桥式逆变电路连线图

表 9 - 15 列出了三相桥式逆变电路的模块参数设置值。

表 9 - 15　　　　　　　　　三相桥式逆变电路模块参数设置

参数名称	设置值
控制方式	开环
载波频率	5～20kHz 可调
输出模式	模式 1
电阻负载	100～500Ω

7. 半桥型开关稳压电源电路

半桥型开关稳压电源电路如图 9-27 所示。

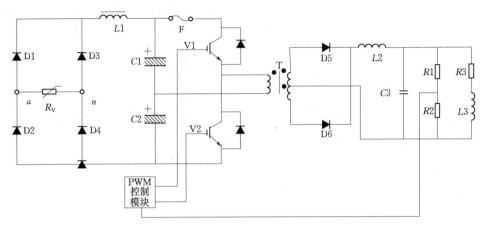

图 9-27 半桥型开关稳压电源电路原理图

表 9-16 列出了构成半桥型开关稳压电源电路所用到的电力电子基本模块。

表 9-16 半桥型开关稳压电源电路模块描述

模块名称	元件组成	数量	备注
IGBT 半桥模块	V1～2：SKM 75GB123D 电源：24V，保险：0.25A	1	
整流滤波模块	D1～4：6A10 R_V：10D151K L1：220μH/5A C1～2：470μF/250V F：5A	1	
PWM 控制模块	SG3525 电源：24V，保险：0.25A	1	
隔离变压器模块	T：	1	
整流二极管模块	D5～6：MUR840	1	
LC 滤波模块	L2：500μH/3A C3：1000μF/50V	1	
电压采样电阻模块	R1：40kΩ/1ΩW R2：10kΩ/1ΩW	1	
电阻负载	R3：底柜负载箱		
电感负载	L3：底柜负载箱		
24V 直流电源	底柜主电源箱		
50V 交流电压源	底柜主电源箱		

图 9-28 给出了构成半桥型开关稳压电源电路的基本模块连线图。

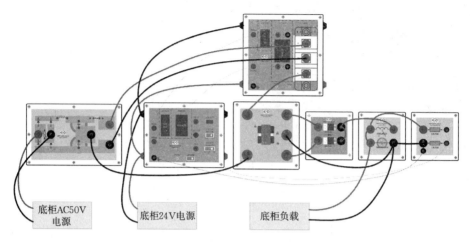

图 9-28　半桥型开关稳压电源电路原理图

表 9-17 列出了半桥型开关稳压电源电路的模块参数设置值。

表 9-17　　　　　　　　　半桥型开关稳压电源电路模块参数设置

参数名称	设置值
控制方式	闭环
载波频率	20kHz
输出模式	模式 2
电阻负载	50～500Ω

模块化电力电子技术综合实训平台实物如图 9-29 所示。

图 9-29　模块化电力电子技术综合实训平台实物图

9.4 电力电子技术综合实训设计示例

1. 实训题目：PWM 控制模块的电路板绘制、焊接及调试

如图 9-2 所示，PWM 控制模块以 SG3525A 为核心，用于实现占空比、频率可调的 PWM 信号，为 IGBT 或 MOSFET 提供门极控制信号。通过该模块能够观测到锯齿形载波；幅度可变的调制波。

2. 实训目的

(1) 了解模块化电力电子综合实训平台的整体构造及配置功能。

(2) 学会读电气原理图以及器件选型的方法。

(3) 掌握 SG3525A 以及 PWM 控制模块的工作原理。

(4) 熟悉组成 PWM 控制模块的器件清单，认识各个工业器件及封装形式。

(5) 掌握各种器件、芯片的焊接方法。

(6) 学会调试电路板的方法，提高在不工作的电路板上查找并解决问题的能力。

3. 实训内容

(1) 分析 PWM 控制模块的原理图。

(2) 在设计好的 PCB 板件上，据原理图和器件清单，进行独立的焊接工作。

(3) 运用万用表和示波器等测量工具，检验所焊接的板件。

(4) 对焊接完成的板件进行调试并观察调制波、载波、PWM 控制信号等实际波形。

4. 实训准备工作

(1) 按组备料。包括：PWM 控制模块原理图、器件清单表、PWM 控制模块裸板、焊接练习板、配置的实训器件套件。

(2) 配套工具：焊接台、松香、偏口电烙铁、助焊剂、尖镊子及示波器。

该实训按组备料及配套工具的详细清单见表 9-18。

表 9-18　　　　　　　　　　按组备料及配套工具的详细清单

编号	名称	数量	备注
1	练习电路板	1块/组	配有练习器件
2	实训板	1块/组	
3	实训器件	1套/组	
4	实训板原理图	1份/组	
5	实训板焊接料单	1份/组	
6	物料盒	1个/组	
7	恒温烙铁	1套/组	扁头烙铁
8	热风枪	1台	用于拆卸多管脚芯片
9	焊锡丝	1卷/组	有铅焊锡
10	吸锡器	1个/组	

续表

编号	名称	数量	备注
11	助焊膏	1盒/组	
12	小号油画笔	1支/组	用于涂抹助焊膏
13	小号软毛刷	1把/组	用于清理电路板
14	尖头镊子	1把/组	
15	偏口钳	1把/组	
16	放大镜	1块/组	
17	医用酒精	1瓶	用于清理电路板
18	PCB无尘布	1块/组	用于清理电路板
19	可调稳压电源	1台/组	带输出限流及电流显示功能
20	万用表	1块/组	
21	示波器	1台	至少1台
22	烧写器	1块	对应于需要烧写程序的实训板
23	电脑	1台	对应于需要烧写程序的实训板

5. 实训流程

(1) PWM 控制模块原理图讲解。

(2) 焊接注意事项讲解，包括焊接方法及技巧。

(3) 进行焊接板件练习，总结焊接方法并进行技术答疑。

(4) 根据原理图和器件清单，使用正式板件进行焊接，教师进行现场指导。

(5) 调试焊接板件，检验焊接效果，运用示波器观察波形。

(6) 按小组撰写实训报告。

附录　DS1000E、DS1000D 系列示波器初级操作指南

F.1　DS1000E 系列前面板图（图 F-1）

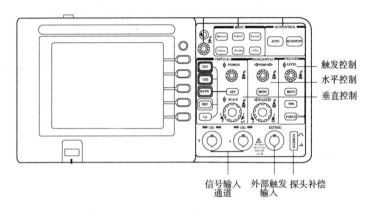

触发控制
水平控制
垂直控制

信号输入通道　外部触发输入　探头补偿

图 F-1　示波器面板

F.2　波　形　显　示　区

示波器波形显示区如图 F-2 所示。波形显示区除了用来显示波形之外，在该区的上下及左边均有与显示波形相关的信息和状态显示，以供操作者查询，其中比较重要的是显示区下方的状态显示栏，波形的显示比例、扫描速度均显示在此处。

按下水平控制区的【MENU】按钮可以在波形显示区的右边打开或关闭操作菜单，用户可利用该菜单实现多种操作。

操作菜单

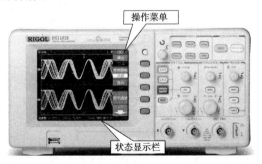

状态显示栏

图 F-2　示波器的波形显示区及状态显示栏

F.3 垂 直 系 统

垂直系统如图 F-3 所示。

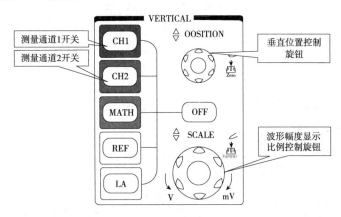

图 F-3 测量通道及垂直显示控制

F.3.1 波形垂直方向位置控制旋钮【POSITION】

本旋钮在垂直方向上控制着信号波形的显示位置。当转动垂直旋钮时，指示通道地（GROUND）的标识也会跟随波形而上下移动。

F.3.2 波形显示比例控制旋钮【SCALE】

本旋钮控制着波形的显示比例，单位为 Volt/div（伏/格），相关信息显示在波形窗口下方的状态栏。

F.4 水 平 控 制 区

水平控制区（HORIZONTAL）如图 F-4 所示，该区有一个按键、两个旋钮。

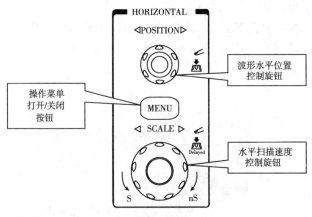

图 F-4 水平控制区

F.4.1 水平扫描速度旋钮【SCALE】

转动【SCALE】旋钮可改变水平扫描速度，单位为"s/div（秒/格）"。该信息可显示在波形窗口下方的状态栏。

F.4.2 波形水平位置控制旋钮【POSITION】

转动【POSITION】旋钮可改变波形的水平位置。

F.5 REF 功 能

为了使用户可以把显示波形作为波形资料保存起来，DS1000 系列数字示波器提供了保存功能，该功能可以把当前波形保存于内部或外部存储器，示波器的这项功能叫做 REF 功能。

按下【REF】按钮后，即可在波形显示区右边显示出如图 F-5 所示 REF 功能菜单。

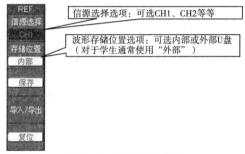

图 F-5 找开 REF 菜单

如果选择了外部存储位置，则会打开如图 F-6 所示的菜单。

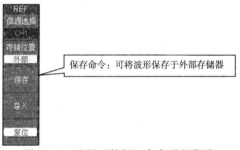

图 F-6 选择"外部"命令后的菜单

按【保存】进入图 F-7 所示保存菜单。

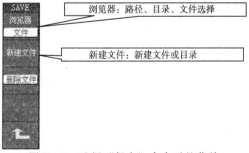

图 F-7 选择"保存"命令后的菜单

按【新建文件】进入图 F-8 所示菜单。

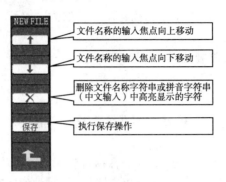

图 F-8　新建文件操作菜单

参 考 文 献

[1] 王兆安，刘进军．电力电子技术［M］．北京：机械工业出版社，2011．
[2] 陈伯时，陈敏逊．交流调速系统［M］．北京：机械工业出版社，2005．
[3] 陈伯时．电力拖动自动控制系统［M］．北京：机械工业出版社，2001．
[4] 潘孟春，胡媛媛．电力电子技术实践教程［M］．长沙：国防科技大学出版社，2005．
[5] 易灵芝，邓文浪．电力电子与电机控制系统综合实验教程［M］．湘潭：湘潭大学出版社，2009．
[6] 仵文杰，邱忠才．电力电子与电力传动综合实验教程［M］．成都：西南交通大学出版社，2009．
[7] 洪乃刚．电力电子、电机控制系统的建模和仿真［M］．北京：机械工业出版社，2010．
[8] 周京华，李正熙．现代电力电子技术［M］．北京：中国水利水电出版社，2013．
[9] 彭辉，李宗季．北京启迪时代科技有限公司．［电力电子模块化实验装置说明书］．2014．